美食生活工作室　组织编写

青岛出版集团 | 青岛出版社

图书在版编目（CIP）数据

精选家常菜全集 / 美食生活工作室编 . — 青岛 : 青岛出版社 , 2010.8

ISBN 978-7-5436-6646-7

Ⅰ. 精…　Ⅱ. 美…　Ⅲ . 菜谱　Ⅳ .TS972.12

中国版本图书馆 CIP 数据核字 (2010) 第 185836 号

书　　名　精选家常菜全集
JINGXUAN JIACHANGCAI QUANJI

组织编写　美食生活工作室

参与编写　圆猪猪　西镇一婶　蜜　糖　谢宛耘
孟祥健（Nicole）　蝶　儿　梁凤玲

出版发行　青岛出版社

社　　址　青岛市海尔路 182 号（266061）

本社网址　http://www.qdpub.com

邮购电话　0532-68068091

策　　划　周鸿媛

责任编辑　肖　雷　逄　丹

特约编辑　王　燕

封面设计　文　俊

排　　版　青岛艺鑫制版印刷有限公司

印　　刷　青岛乐喜力科技发展有限公司

出版日期　2010 年 8 月第 1 版　2024 年 12 月第 2 版 第 28 次印刷

开　　本　16 开（710 毫米 ×1010 毫米）

印　　张　14

字　　数　230 千

图　　数　1192 幅

书　　号　ISBN 978-7-5436-6646-7

定　　价　39.80 元

编校印装质量、盗版监督服务电话　4006532017　0532-68068050

建议陈列类别：生活 / 美食类

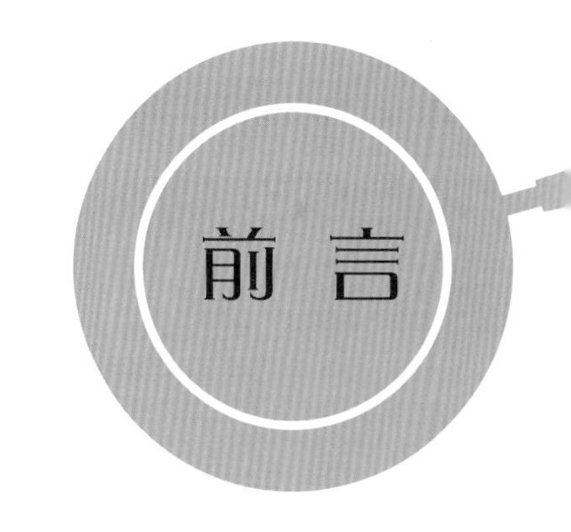


# 只为这美味的一餐

每一天你是不是都在盘算着要为家人做一桌什么样的美味呢？

为了这美味的一餐，你在菜市场奔波，采买全家人膳食所需的食材；为了这美味的一餐，你日日烹饪准时开饭，顺应季节为家人搭配养生食谱；为了这美味的一餐，你不断变换口味为家人制造惊喜，还要照应到家里有特殊饮食需求的孕妇、老人、幼童等等。

为了这美味的一餐，我们精心制作了这本《精选家常菜全集》，力争为您解决餐桌上的难题。它汇集了圆猪猪、西镇一婶、蜜糖、谢宛耘、孟祥健（Nicole）、蝶儿、梁凤玲等多位千万级美食博主历经10年蕴蓄的家的味道，帮您用心呵护这份微小而确定的幸福：下厨做饭吧，为家人做饭，是人生中的“小确幸”，出门在外则更让人想念家里温暖的味道。

杨绛说，懂你的人，才配得上你的余生。《精选家常菜全集》则是这样一本懂家庭主厨的书，是一本为家庭主厨量身定制的有温度、有亲情，科技和时尚感十足的适合居家收藏的食谱。

特别值得一提的是，为了帮助家庭主厨们更方便、更高效地下厨，本书为一些制作比较复杂的菜肴配备了烹饪视频，为家庭主厨们奉上可视可读的融媒体饕餮盛宴。您只需打开手机，用微信扫描书中的二维码，就能在青岛出版社微服务小程序中直接获取相关的视频。当您在烹饪过程中有什么困惑的时候，可以看视频解惑。快快来体验一下吧！

如果团圆饭是一场与家人的邀约，愿每个人都能从这行色匆匆的浮世里，去赴一场不可辜负的味觉盛宴。家人牵挂之时，便是心安之处，让我们带上这份守护，向爱出发，走进人间烟火处。

美食生活工作室

2020年岁末

## 第一章　食材的预处理

### ❶ 素菜类食材 》



### ❷ 畜禽肉类食材 》

### ❸ 水产类食材 》

## 第二章　人间烟火，家常味道

### ❶ 清清爽爽凉拌菜 》

素菜类



畜禽肉类



海鲜类

### ❷ 温馨典雅热菜 》

叶菜类



豆角类



瓜果类



根茎类

# 65 道食谱，300+ 分钟精彩视频

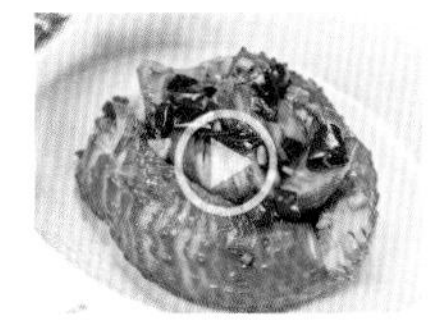

三文鱼炒饭 p.108

干煎带鱼 p.110

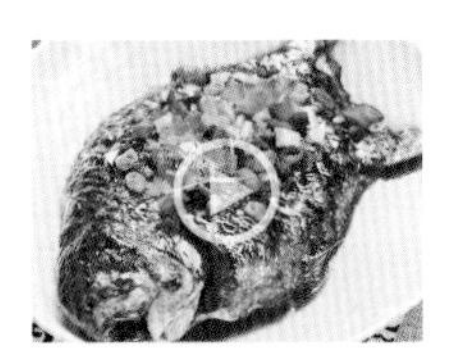
酱烧鲳鱼 p.111

鲜虾白菜 p.114

虾球什锦炒饭 p.116

蛋网鲜虾卷 p.118

金沙玉米虾仁 p.120

香辣小龙虾 p.120

辣炒蛤蜊 p.122

酱爆香螺 p.123

吉列鱿鱼圈 p.124

西湖牛肉羹 p.135

西红柿鲜虾蛋花汤 p.138

紫菜包饭 p.145

紫米山药 p.146

剁椒烧白菜 p.148

山楂烧排骨 p.152

酸菜鱼 p.154

虾仁滑蛋 p.157

蜜汁叉烧饭 p.158

蜜汁烤鸭 p.164

开胃炝拌双丝 p.194

富贵红烧肉 p.198

椒盐排骨 p.199

板栗烧鸡 p.200

虾仁烧茄子 p.201

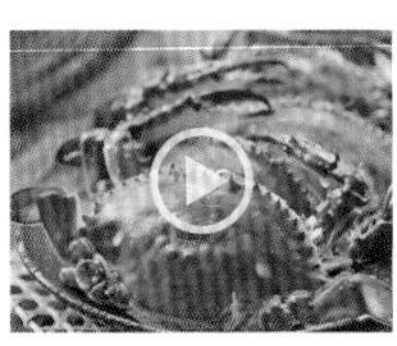
清蒸梭子蟹 p.202

白灼虾虎 p.203

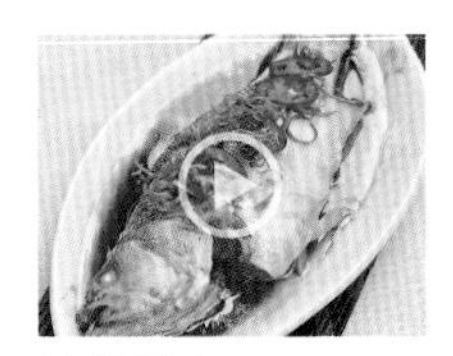
清蒸鲈鱼 p.204

啫啫滑鸡煲 p.206

注：本书中所用小勺为 5 毫升，大勺为 15 毫升。视频中食材用量和操作步骤，与菜谱中制作方法文字表述略有差异，仅供参考。

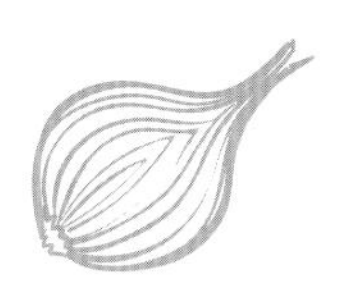

# 第一章 食材的预处理

# 1 素菜类食材

## 柿子椒类预处理

1 将青椒洗净后掰开。

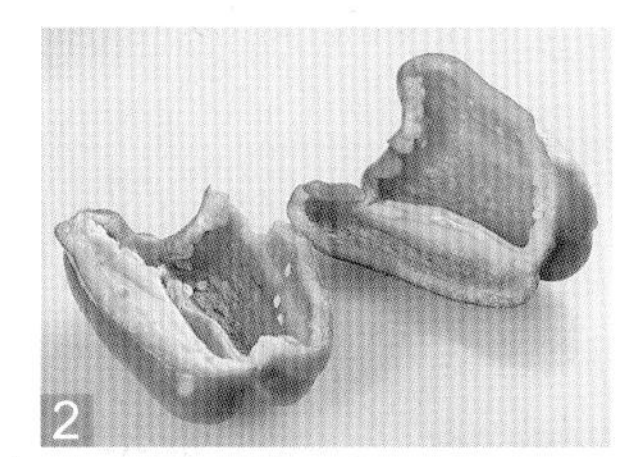
2 去除蒂和内部的籽。

## 花菜类预处理

1 西蓝花冲洗一下。

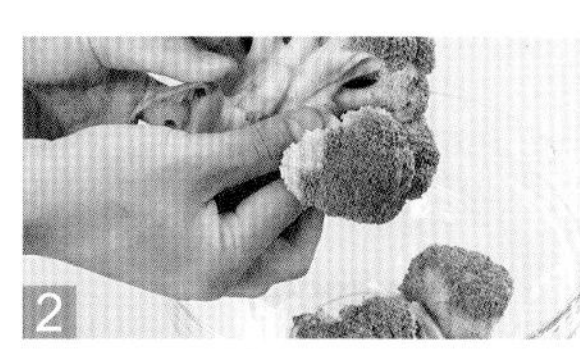
2 掰开成小块。

3 放入加了少许盐的清水中浸泡片刻即可。

## 黄瓜预处理

1 黄瓜洗净，加少许盐浸泡。

2 带刺黄瓜要用刷子刷洗。

## 蓑衣花刀切法

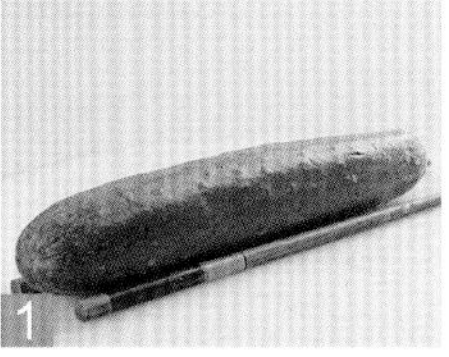
1 黄瓜放在案板上，两侧放两根筷子。

2 刀身与黄瓜成45°角，均匀切花刀。

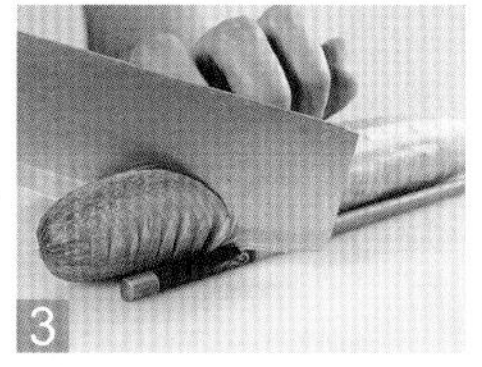
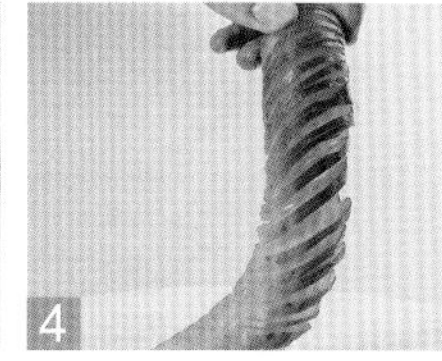
3 4 将黄瓜翻转180°，切过的刀口向下，依然保持刀身与黄瓜成45°角，与原刀口交错再切花刀。

## 冬瓜预处理

1 冬瓜用刷子刷洗干净。

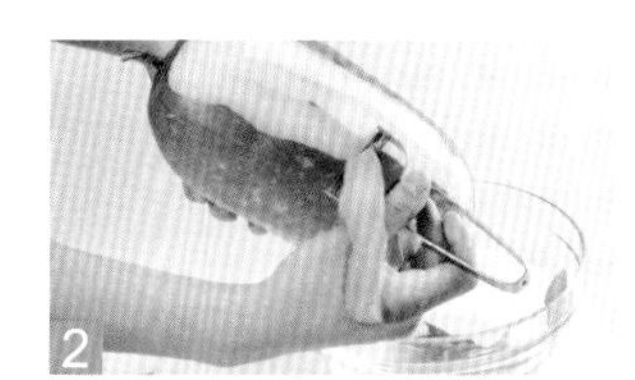

2 用削皮刀削去硬皮。

3 去皮冬瓜一切两半。

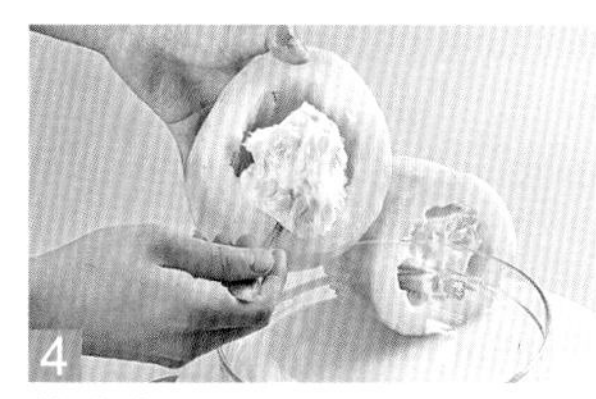

4 挖去冬瓜瓤。

5 处理好的样子。

## 苦瓜预处理

1 苦瓜用刷子刷洗净。

2 纵向剖开。

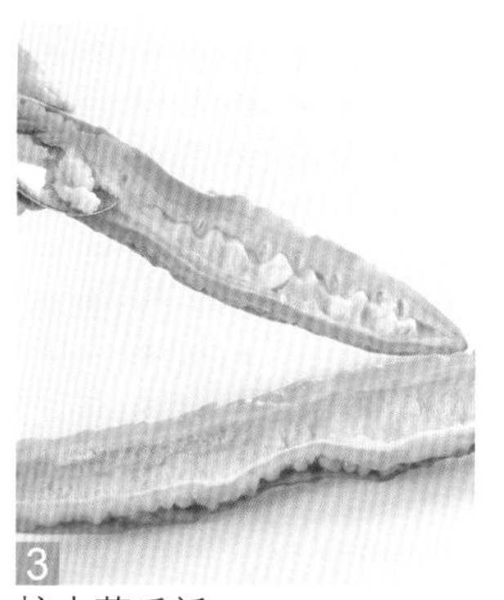

3 挖去苦瓜瓤。

## 南瓜预处理

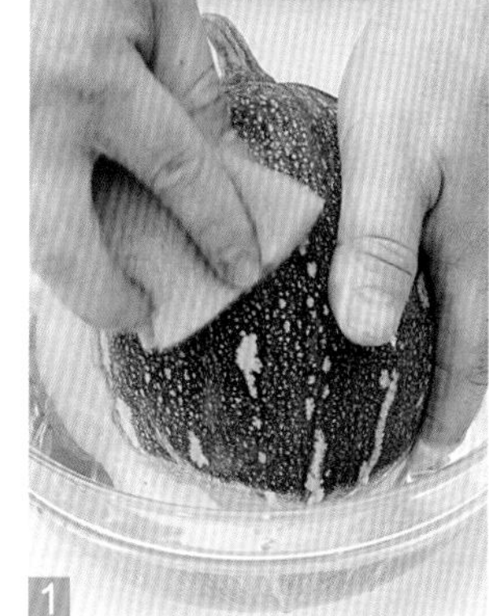

1 南瓜用菜瓜布或鬃刷刷洗净。

2 对半剖开。

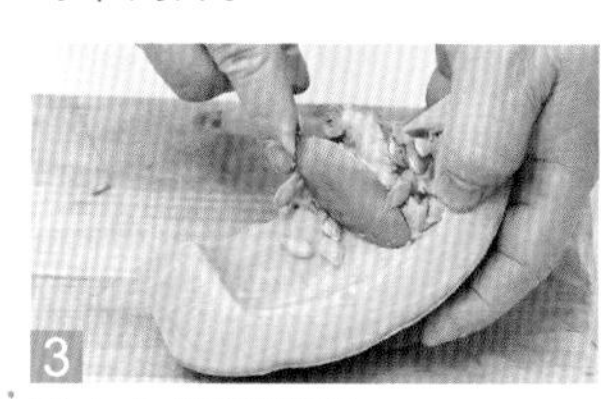

3 用大勺将瓤挖出。

4 用菜刀将南瓜皮削去，削时注意菜刀要贴着皮，不要削太厚。

## 甘蓝类预处理

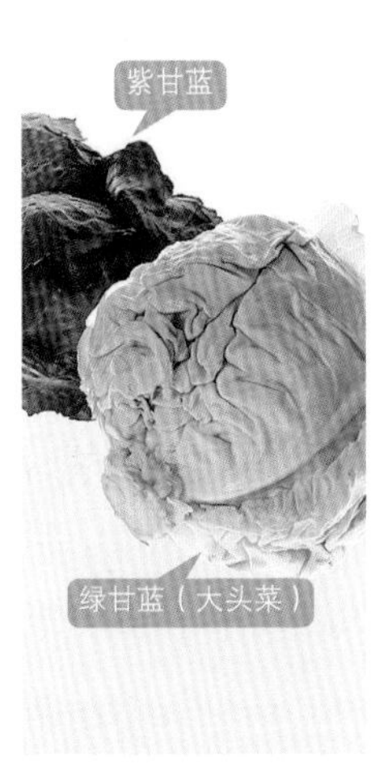

甘蓝洗净，根部朝上放在案板上，左手按住，用长水果刀顺根部切入2厘米，刀尖朝菜心。

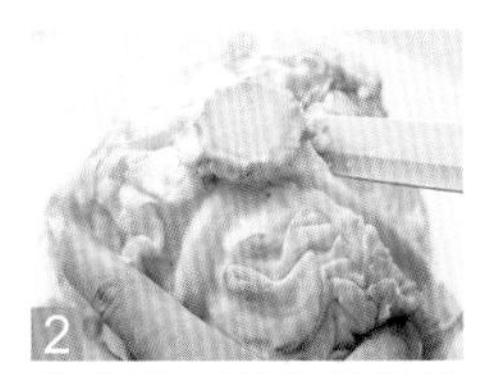


将水果刀顺着菜根旋转切一圈。

将刀尖向上一撬，菜根就撬下来了。

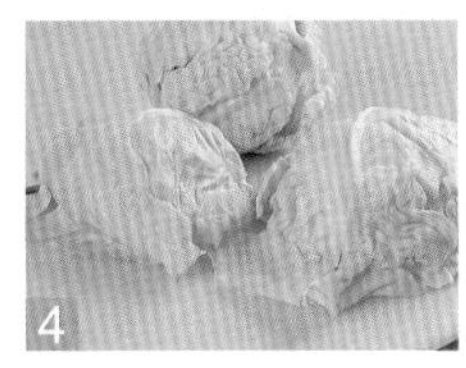


从根部可以将菜叶完整地剥下来。

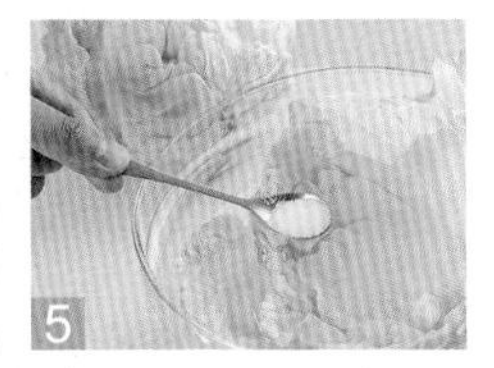


放入加少许盐的清水中浸泡，再洗净即可。

## 芹菜预处理

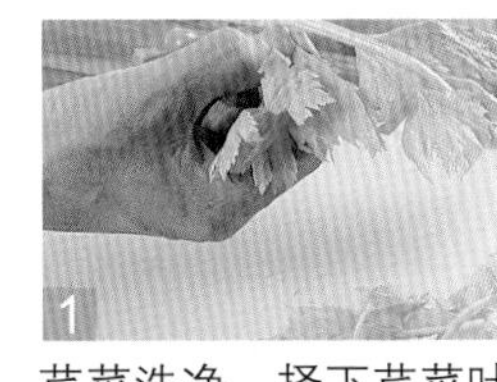


芹菜洗净，择下芹菜叶子。

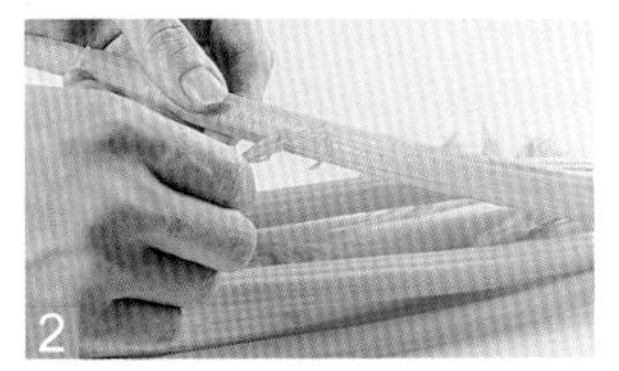


撕去芹菜梗表面的粗丝。

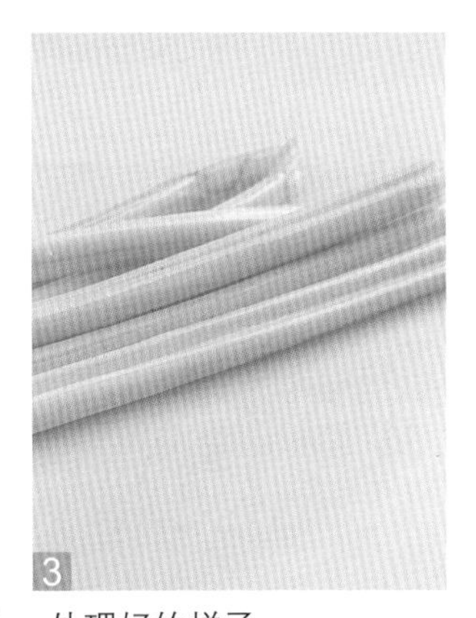


处理好的样子。

## 洋葱类预处理

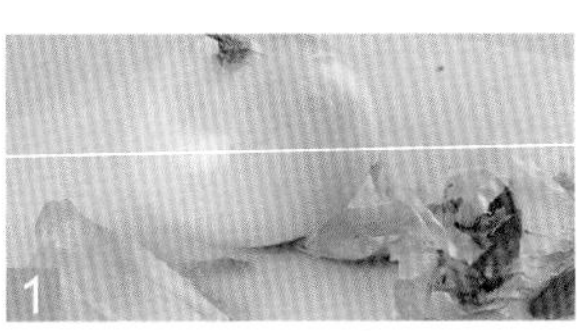


剥去洋葱外层干皮。

切去洋葱两头。

切圈：洋葱横放在案板上，直刀切出洋葱圈。

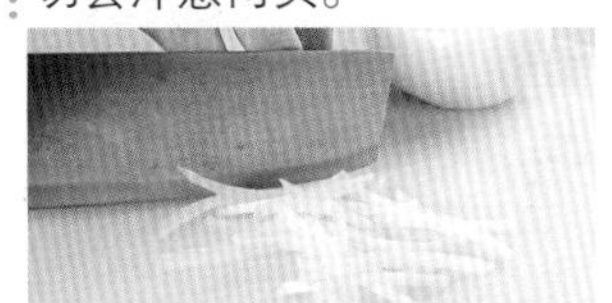

切丝：洋葱对半切开，切丝。

## 番茄（西红柿）预处理

1 将番茄冲洗一下。

2 放入烧开的水中烫一会儿。

3 取出番茄，即可轻松地将皮剥去。

## 芸豆类预处理

（豇豆、荷兰豆等预处理方法与此相似）

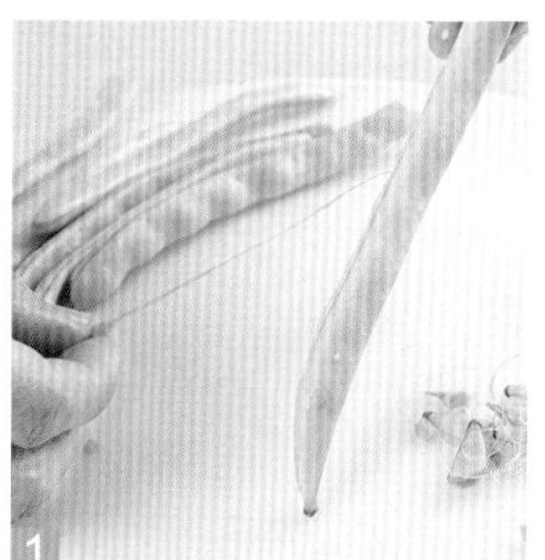
1 芸豆择去两侧筋。

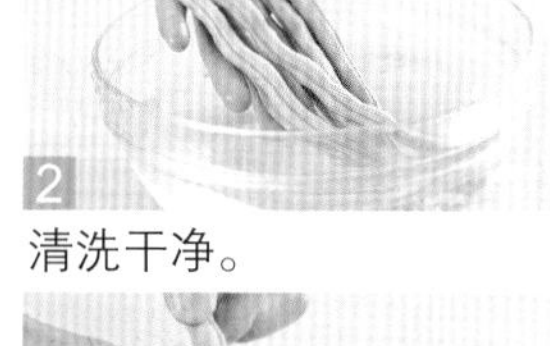
2 清洗干净。

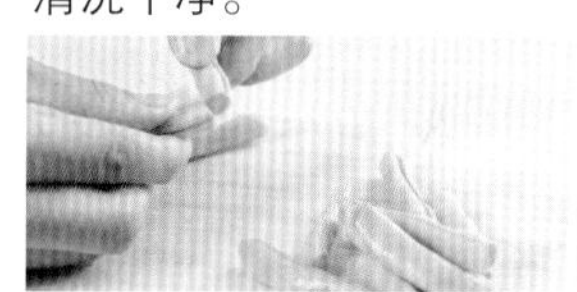
用手将芸豆掰成段。掰成段的芸豆烹饪时比用刀切的更易入味。

## 豆芽类预处理

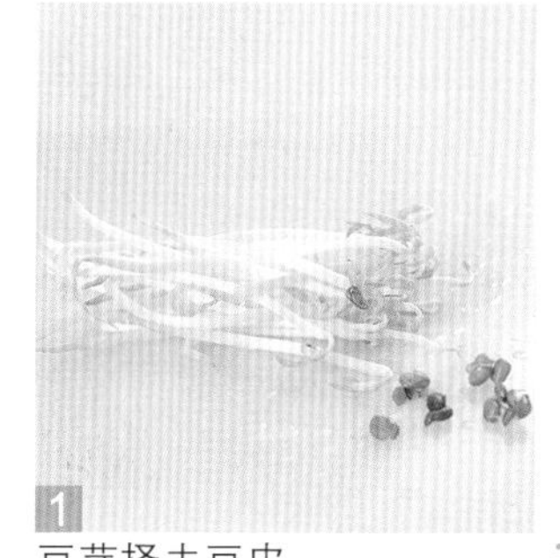
1 豆芽择去豆皮。

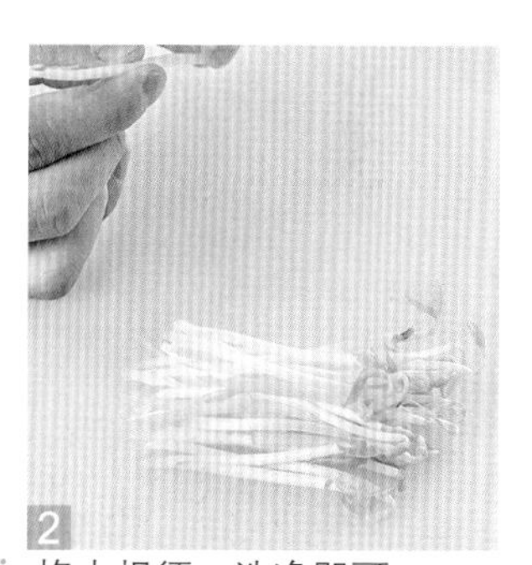
2 掐去根须，洗净即可。

## 竹笋预处理

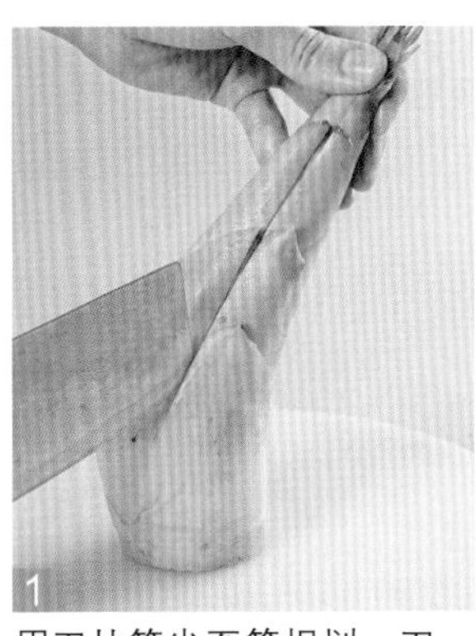

1 用刀从笋尖至笋根划一刀。

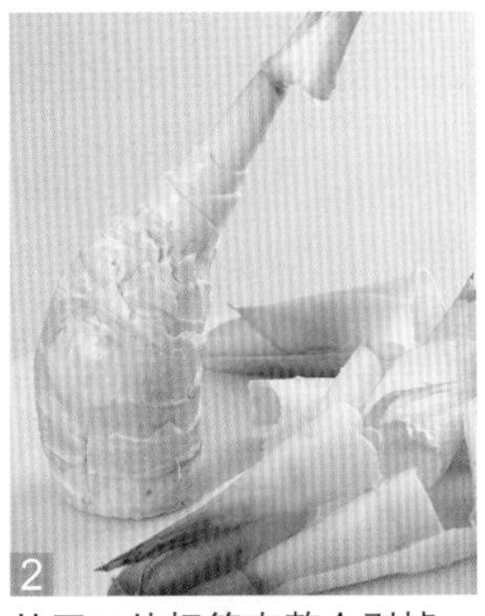

2 从开口处把笋壳整个剥掉。

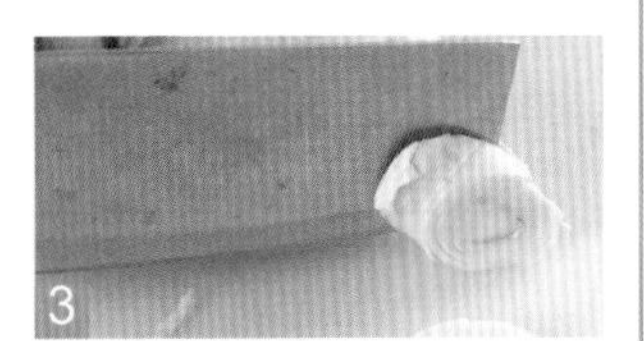

3 靠近笋尖的部分斜切成块。

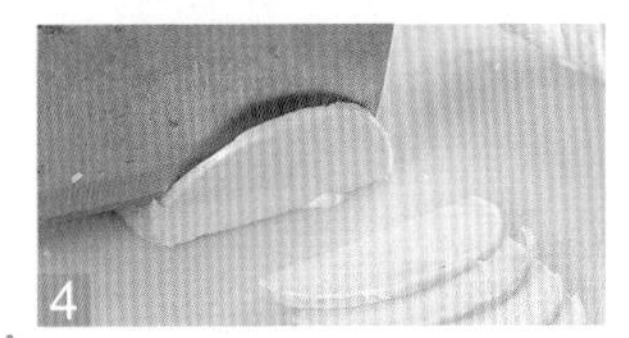

4 靠近根部的部分横切成片。

## 莲藕预处理

1 将莲藕从藕结处切开，切去两头。

2 用削皮刀削去莲藕的表皮。

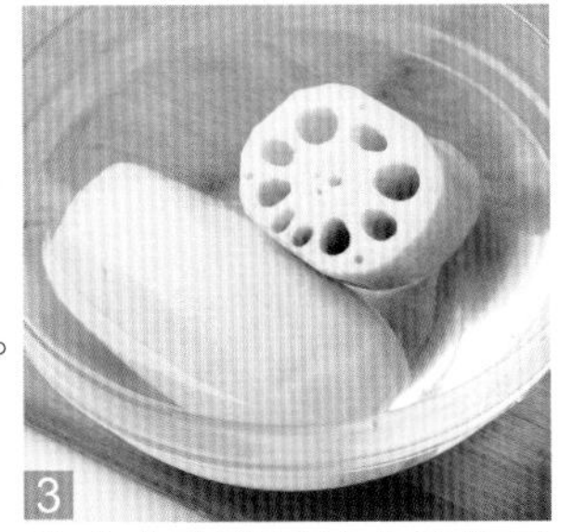

3 将去皮莲藕用清水清洗干净。如果不马上使用，要用清水浸泡，以防止变黑。

4 处理好的莲藕。

## 干木耳预处理

1 干木耳用水冲洗一下。

2 用淘米水泡发干木耳。

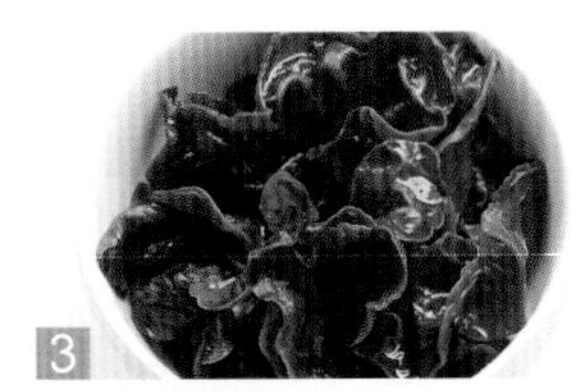

3 泡发好的样子。

4 泡好的木耳清洗干净。

5 切除未泡发的部分。

6 剪去硬蒂，撕成小朵即可。

## 干银耳预处理

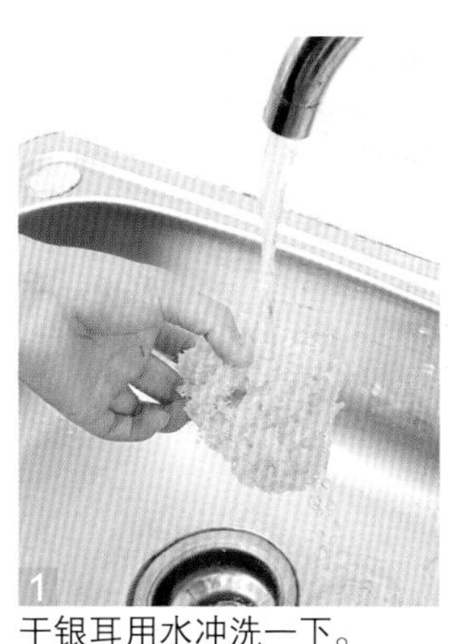

干银耳用水冲洗一下。

用开水泡发干银耳。

泡发好的样子。

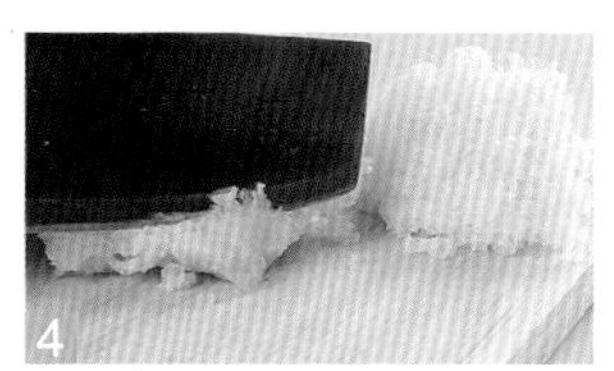

切去黄色硬蒂。

去除未泡发的部分，洗净即可。

## 干香菇和干花菇预处理

干香菇冲洗一下，用沸水泡至回软（泡发香菇的水，过滤后可用于炒菜、煮汤）。

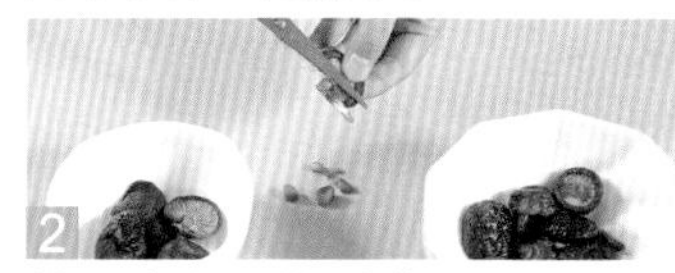

捞出泡发好的香菇，用剪刀剪去根部，漂洗去泥沙等杂质。

干花菇先用水冲洗一下。

用沸水泡至回软，再次洗净。

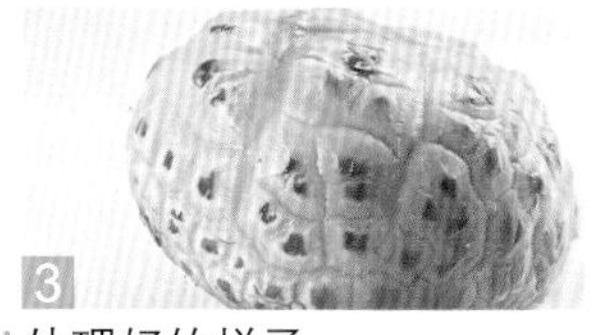

处理好的样子。

## 金针菇预处理

金针菇切去根部。

用手将金针菇分开，切两半。

放入清水中浸泡10分钟，并用筷子朝一个方向搅动1~2分钟。

用清水洗净即可。

## 干百合预处理

1 干百合用水冲洗干净。

2 用清水浸泡1~2小时至软。

3 泡好的百合。

## 鲜百合预处理

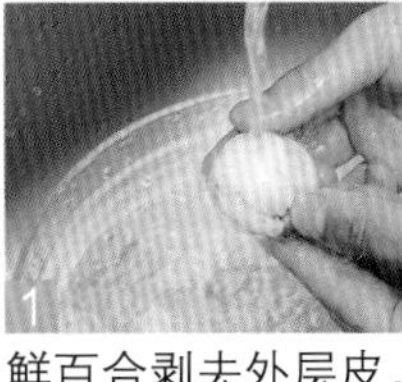

1 鲜百合剥去外层皮，冲洗干净。

2 将鲜百合逐瓣掰开。

3 掰好的百合瓣再次冲洗干净即可。

## 干白果预处理

1 将白果放在砧板上，用菜刀将壳拍破，剥去壳。

2 取出白果仁，剥去表面的薄膜即可。

## 干莲子预处理

1 莲子放入耐热容器中，加清水浸泡1小时。

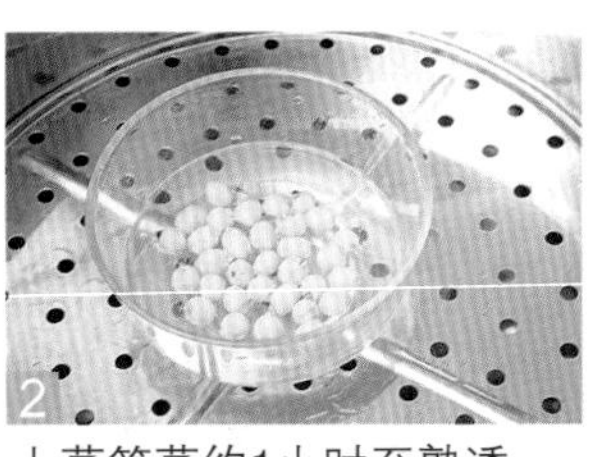

2 上蒸笼蒸约1小时至熟透。

3 捞出莲子，过凉水。

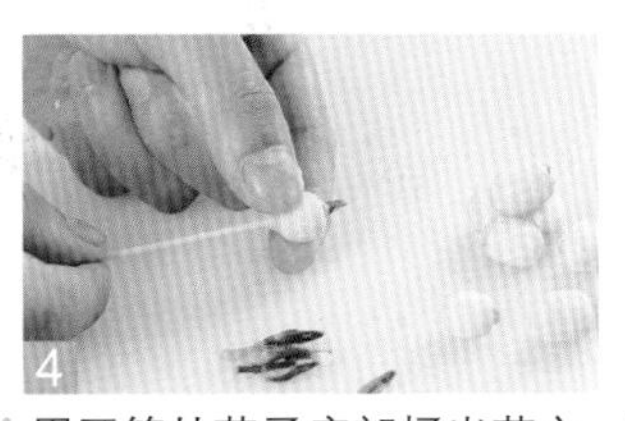

4 用牙签从莲子底部捅出莲心。

5 再将莲子洗净即可。

# ❷ 畜禽肉类食材

## 猪肉预处理

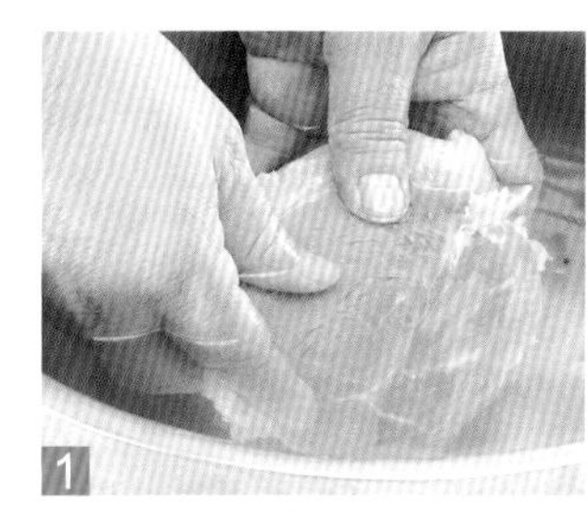
1 用清水洗净猪肉。

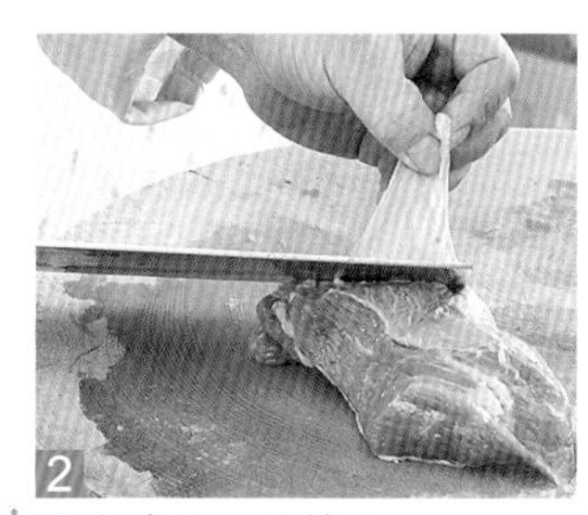
2 剔去猪肉上的筋膜。

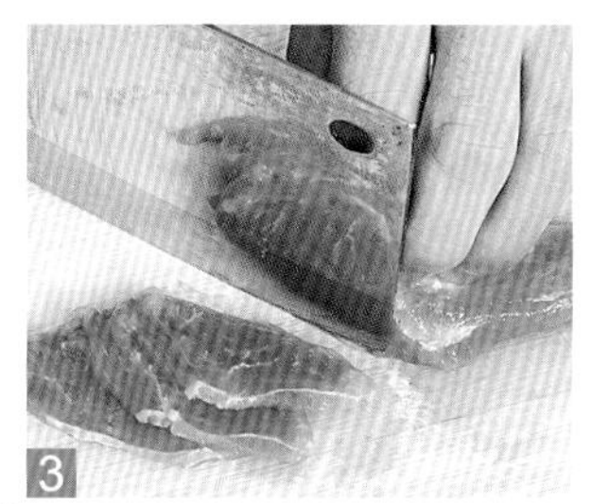
3 斜刀切片。

## 猪肚预处理

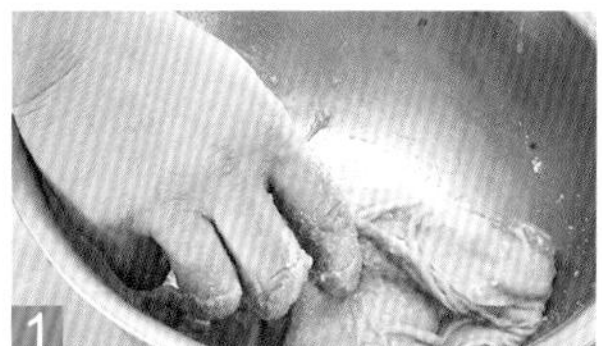
1 猪肚洗净后放入大的容器中。

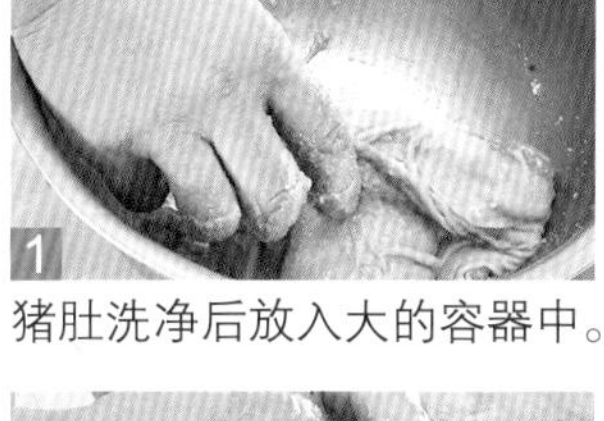
2 撒入盐，倒入醋，反复搓洗（一定要搓匀，把黏液搓干净）。

3 洗净后再用盐重复搓洗一遍。

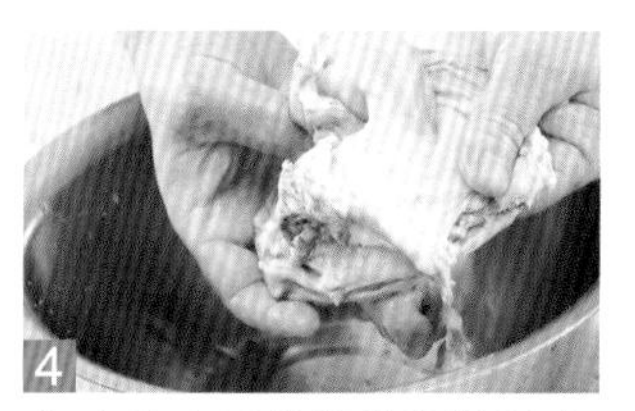
4 彻底洗净后将猪肚翻转过来。

5 去除内壁附着的猪油和污物即可。

## 猪肝预处理

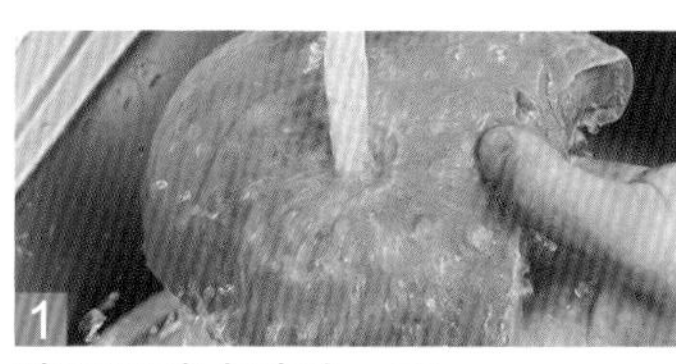
1 猪肝用清水冲洗一下。

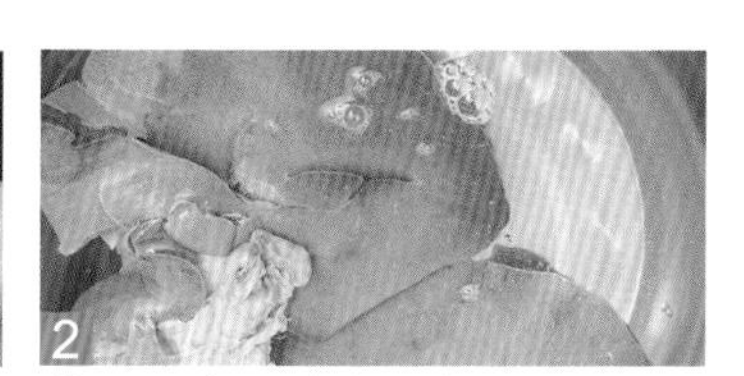
2 放入盆中用清水浸泡1~2小时。

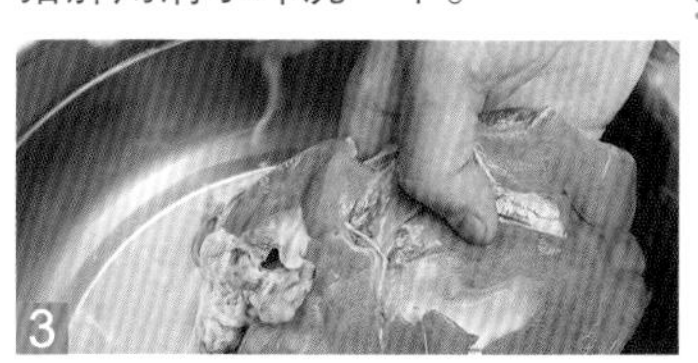
3 用手抓洗去浮沫和杂质。

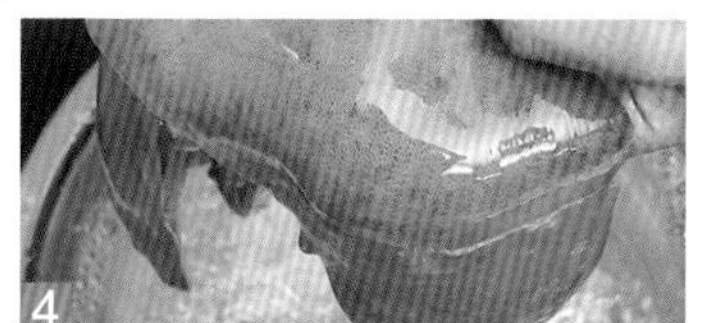
4 再次冲洗干净。

## 猪蹄预处理

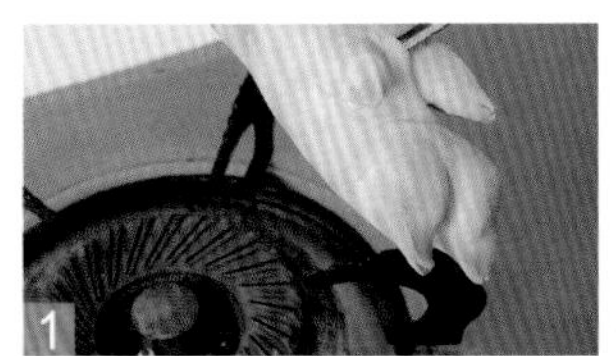

夹紧猪蹄，用火烤去猪毛。

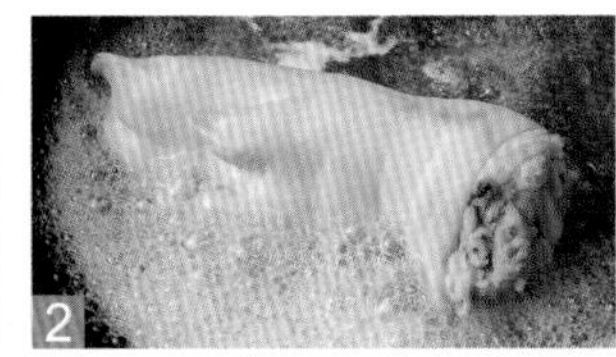

猪蹄入开水锅中汆煮30秒。

捞出，放入冷水中过凉。

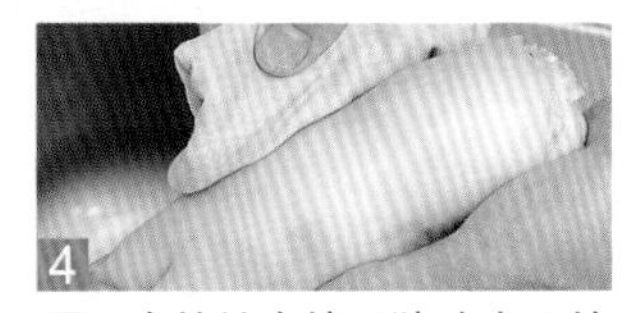

用干净的纱布擦干猪蹄表面的水，猪毛和毛垢随之脱落。

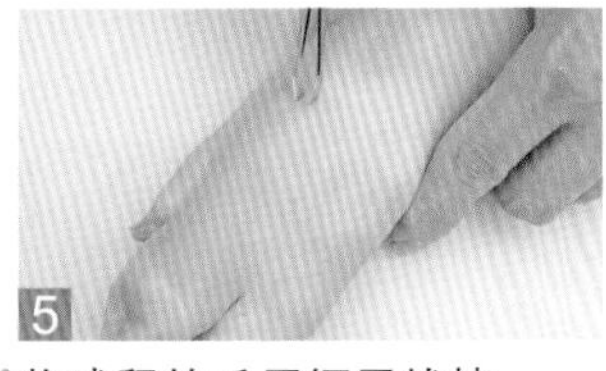

将残留的毛用镊子拔掉。

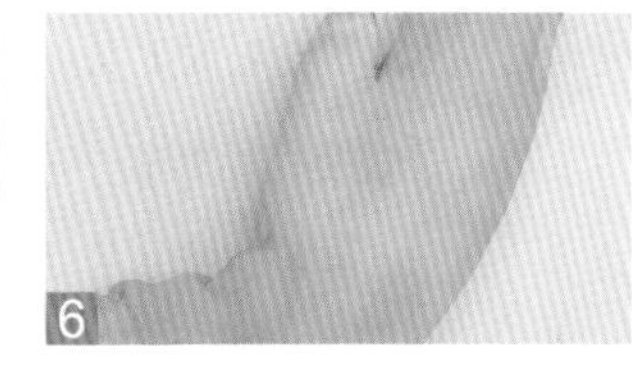

处理好的猪蹄。

## 猪心预处理

新鲜猪心洗净。

将猪心在少量面粉中滚一下。

静置1小时后切成两半。

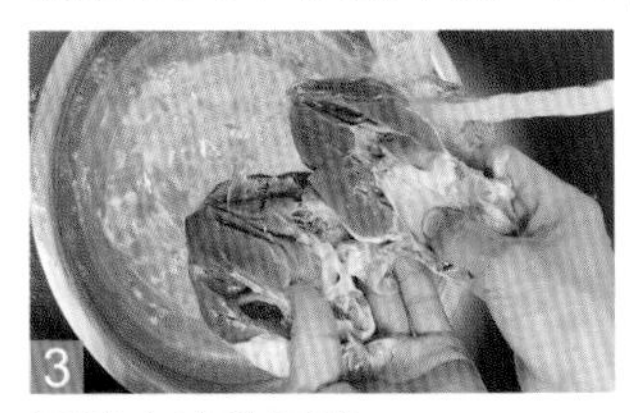

用清水冲洗干净。

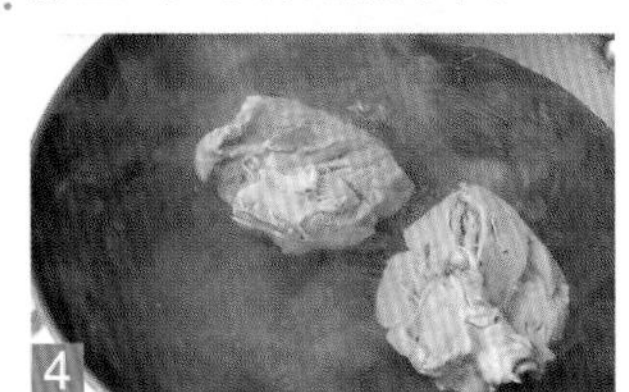

放入开水锅中稍汆烫即可。

## 猪腰预处理

猪腰洗净，去除筋膜。

将猪腰纵向一切两半。

横刀片去白色腰臊，洗净。

## 猪腰切花刀

在猪腰面上斜切一字刀。

垂直于切好的刀口再切花刀。

将切好花刀的猪腰切件即可。

## 猪肺预处理

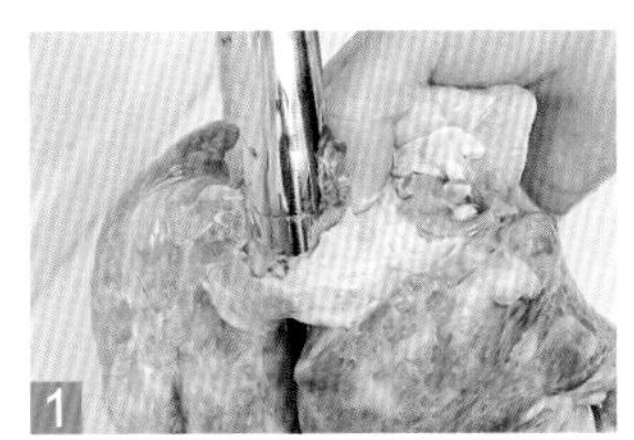
1 猪肺喉管套到水龙头上灌水。

2 灌满水后摇几下，将水倒出。

3 如此反复几次至肺叶变白。

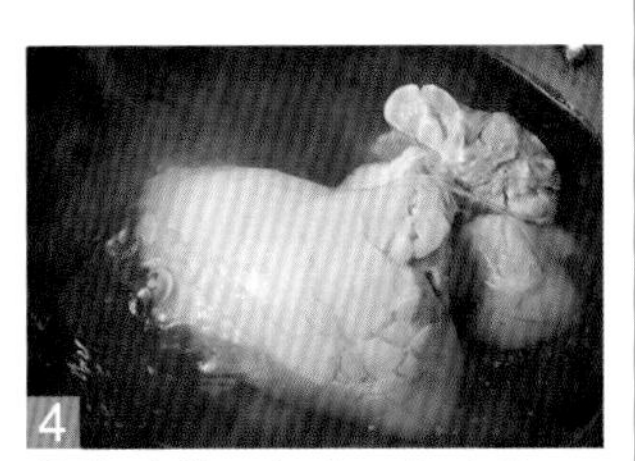
4 将猪肺放入锅中，加水烧开。

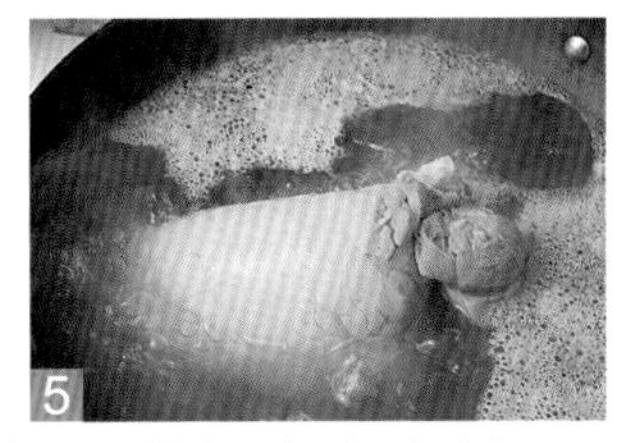
5 浸出肺管中的残留物质后捞出即可。

## 猪肠预处理

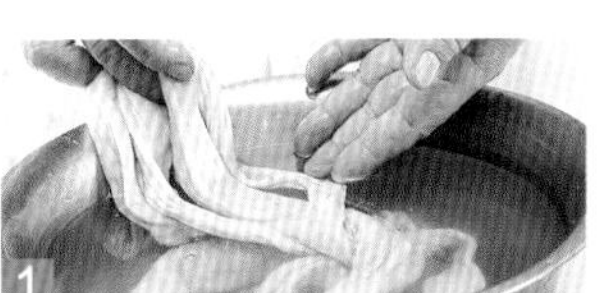
1 将猪肠翻过来，择去所有杂物，仔细清洗。

2 将洗好的猪肠放入大的容器中，放入玉米面反复搓洗。

3 再把猪肠放入清水中，反复清洗干净。

4 洗净后的大肠应颜色洁白、无杂质。

## 牛肉改刀

1 新鲜牛肉洗净。

2 横刀切片。

## 羊肉改刀

1 新鲜羊肉洗净。

2 剔除羊肉的筋膜。

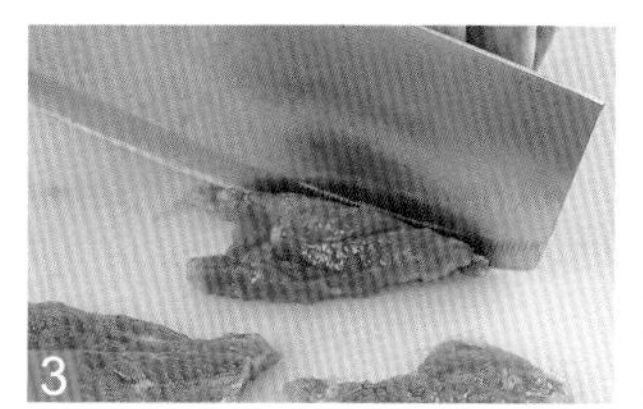

3 横刀切片。

## 鸡腿去骨

1 用刀在鸡腿侧面剖一刀，露出鸡腿骨。

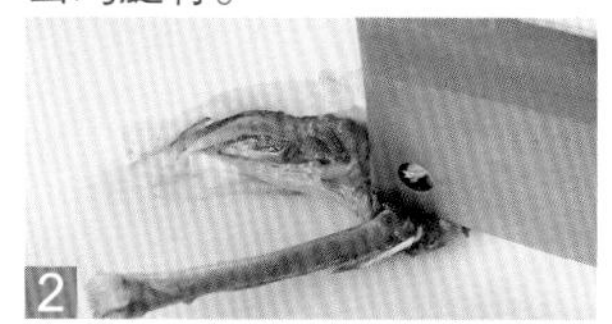

2 剥离鸡腿肉，用刀背在腿骨靠近末端处拍一下，敲断腿骨。

3 将腿骨周围的肉剥离开，将腿骨取出。

4 将整个鸡腿肉平摊开，去掉筋膜，肉厚的地方划花刀，再用刀背将肉敲松即可。

## 鸡翅预处理

1 鸡翅冲洗干净，擦干，放在火上稍微烤一下。

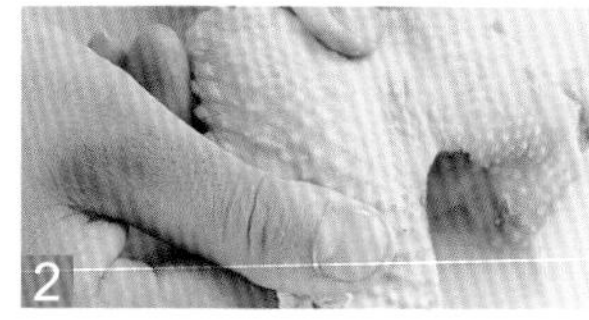

2 用手搓一搓，将鸡翅上大部分的毛去掉。

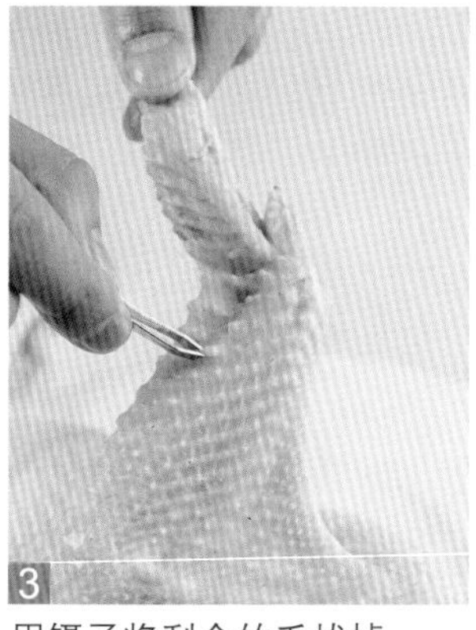

3 用镊子将剩余的毛拔掉。

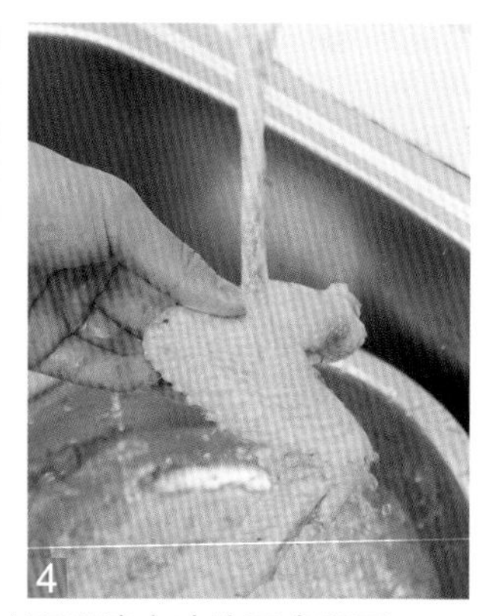

4 再用清水冲洗干净即可。

## 鸡肉改刀

1 新鲜鸡肉洗净。

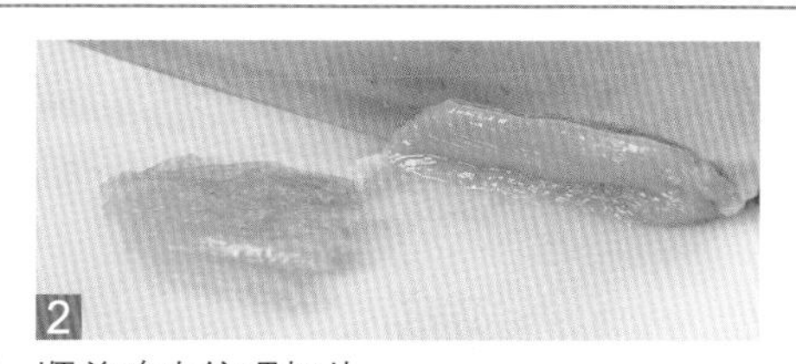

2 顺着鸡肉纹理切片。

## 鸡脖预处理

1 鸡脖放入开水锅煮2分钟，使鸡皮定型。

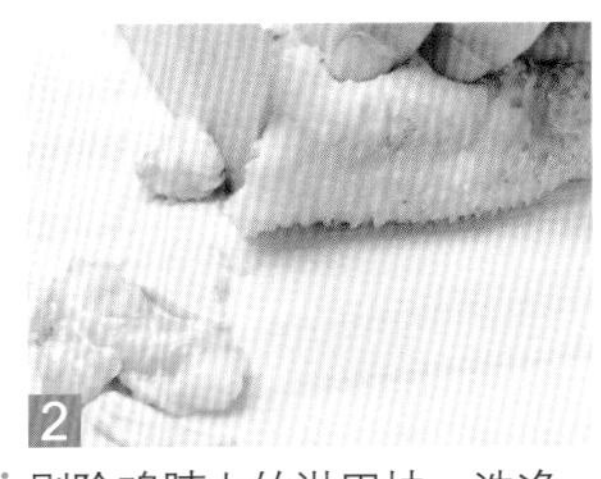

2 剔除鸡脖上的淋巴块，洗净。

鸡脖处理好的样子。

## 鸡爪预处理

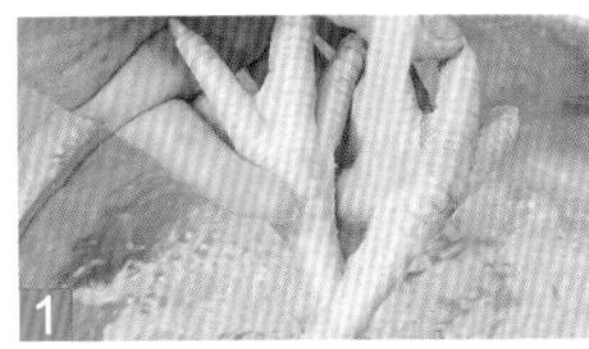

1 鸡爪用清水冲洗干净。

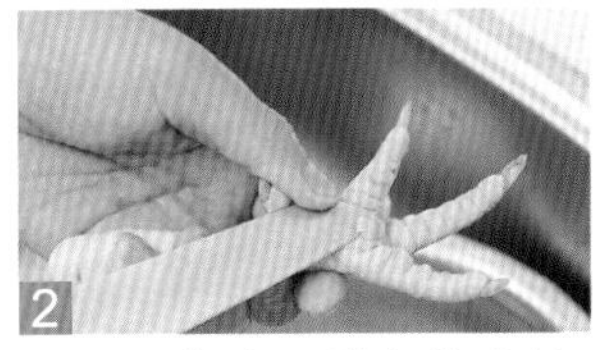

2 用小刀将鸡爪掌心的小块黄色茧疤去掉。

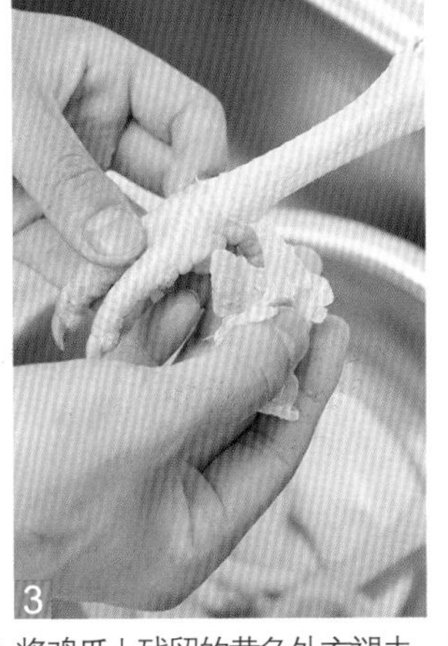

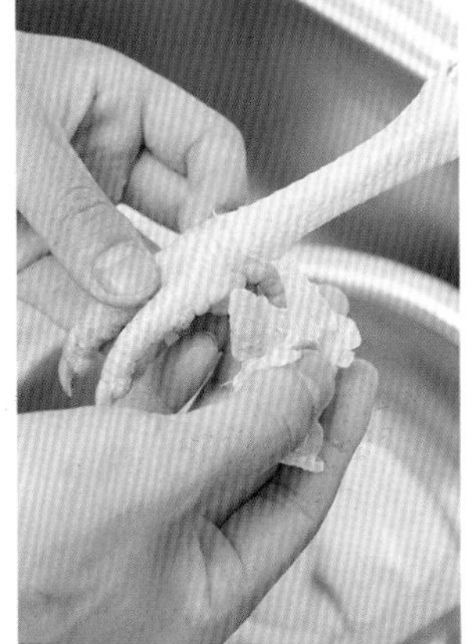

3 将鸡爪上残留的黄色外衣褪去。

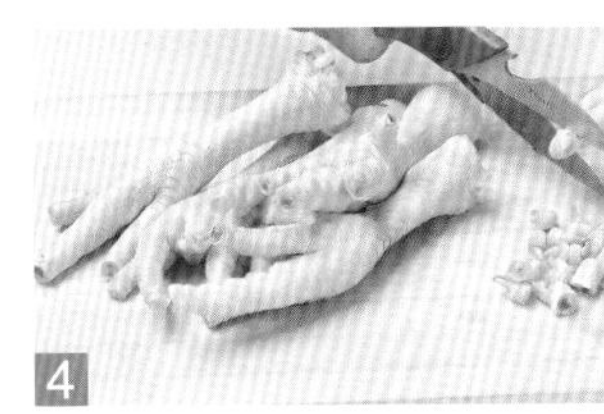

4 用剪刀将趾甲剪去。

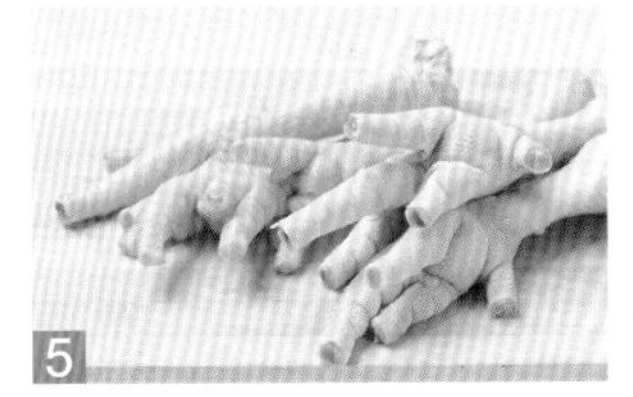

5 处理好的样子。

## 鸡胗预处理

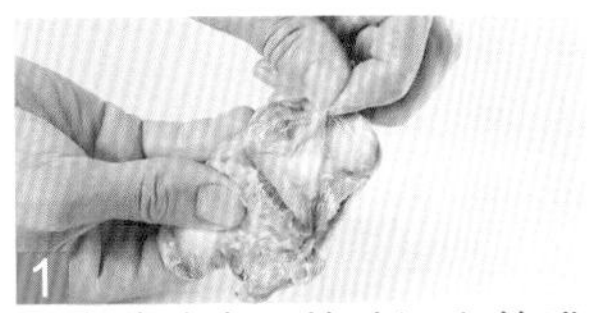

1 撕去鸡胗表面的油污和筋膜。

2 将鸡胗剖开，洗去内部的消化物和杂质，撕去鸡胗内的一层黄色筋膜。

3 将处理好的鸡胗洗净。

4 处理好的鸡胗。

5 鸡胗用料酒加花椒浸泡2小时，以去除腥味。

## 鸭子去臊豆

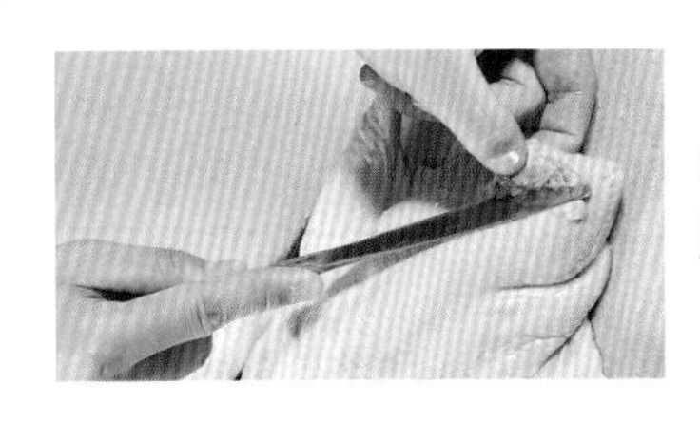

鸭子去内脏，洗净，去除鸭尾部两端的臊豆，可去除鸭肉的腥臊味。

# 3 水产类食材

## 干贝预处理（方法一）

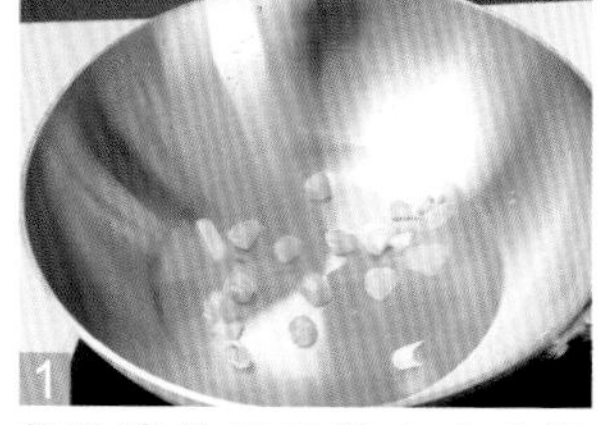

将洗净的干贝放在冷水锅中，加入葱、姜、料酒。

用大火烧开。

改用小火焖30分钟即可。

用来泡煮干贝的水极鲜，可用于炒菜、做汤时提鲜。

## 干贝预处理（方法二）

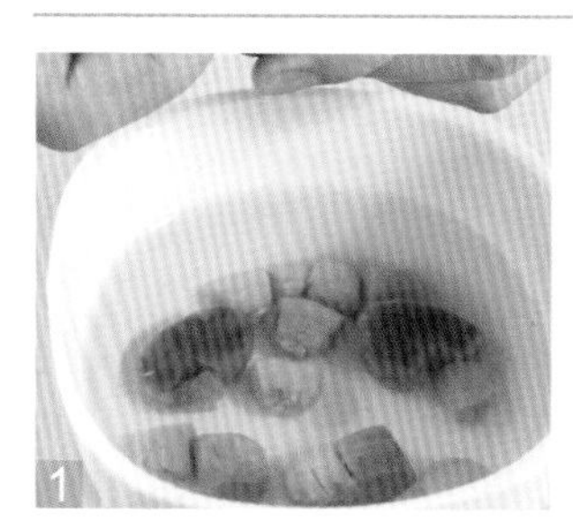

干贝用冷水洗净，除去外层的老筋，放入容器中。

加入葱、姜、料酒、清水，上蒸笼隔水蒸约1小时后取出。

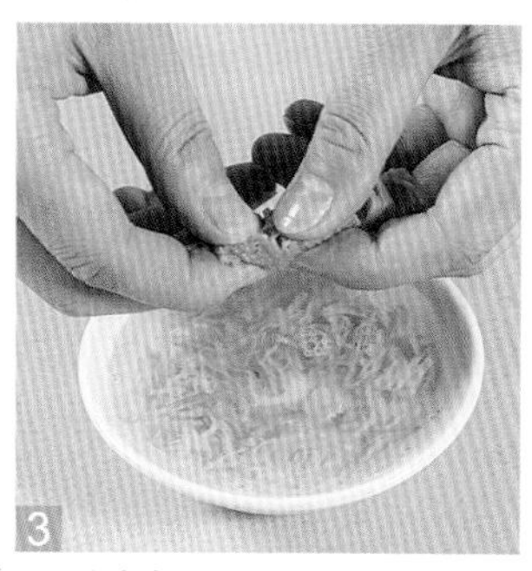

用手指将干贝捻成丝即可。

## 海米预处理

海米用温水洗净。

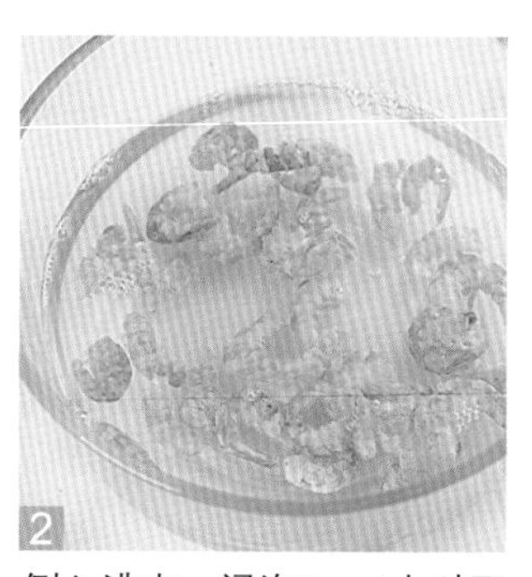

倒入沸水，浸泡3～4小时至回软。

泡好的海米去杂质洗净。浸泡海米的水过滤后可用于炒菜或做汤时提鲜。

## 袋装海蜇丝预处理

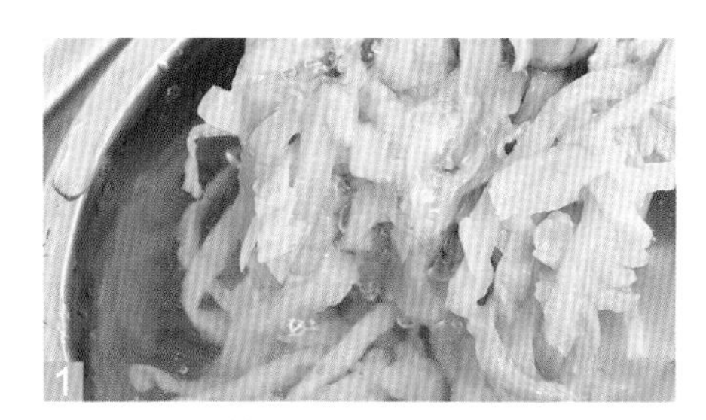

1 袋装海蜇丝控去水分，冲洗干净。

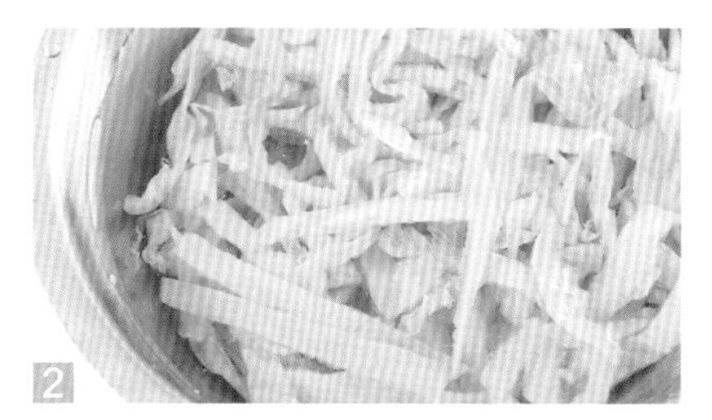

2 用清水浸泡4小时以上，期间每隔1小时换一次水，最后清洗干净即可。

## 盐渍海蜇的泡发

1 将海蜇用冷水洗净，除去泥沙（海蜇头处要多洗几遍）。

2 用冷水泡2~3天，脱去苦咸味。

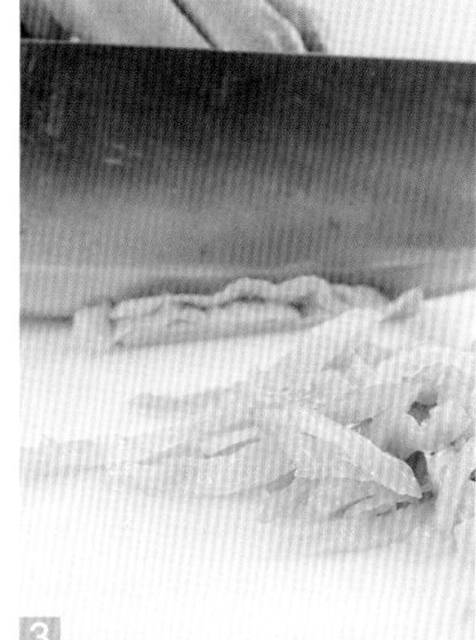

3 泡发好的海蜇切成丝（或块）。

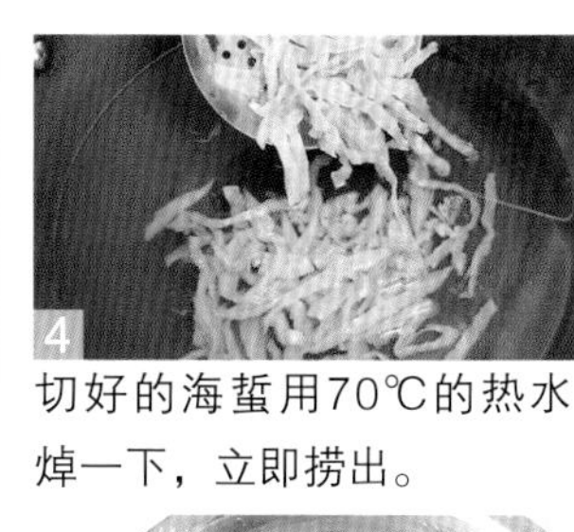

4 切好的海蜇用70℃的热水焯一下，立即捞出。

5 放冷水中冷却，可保持脆嫩口感。

## 花鲢鱼头预处理

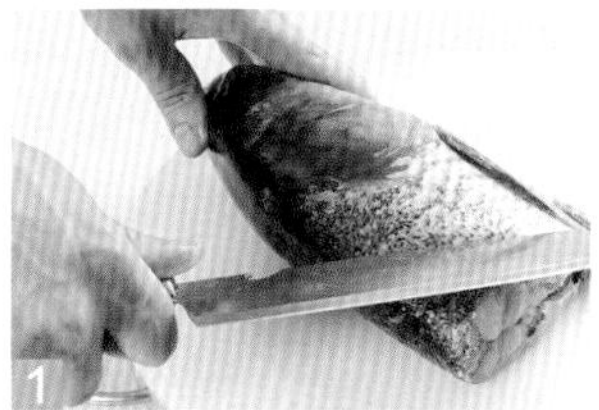

1 把鱼头部分的鱼鳞刮去。

2 用剪刀剪去鱼鳃。

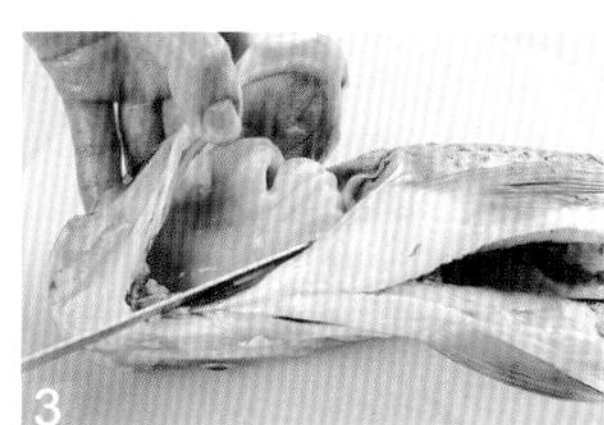

3 将鳃裙去除干净。

4 将鱼头头骨朝下置于案板上。

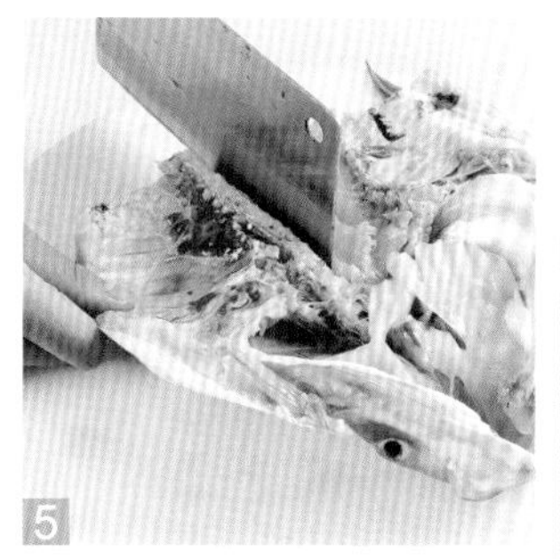

5 从下颚起用刀将鱼头一劈两半，但不要劈断（如锅较小，放不开整个鱼头，可将其切断，便于烹饪），最后将鱼头洗净即可。

## 鲤鱼预处理

（草鱼、鲫鱼、鲈鱼等预处理方法相同）

1 鲤鱼放在案板上，用刀从鱼尾向鱼头方向刮去鱼鳞，冲洗干净。

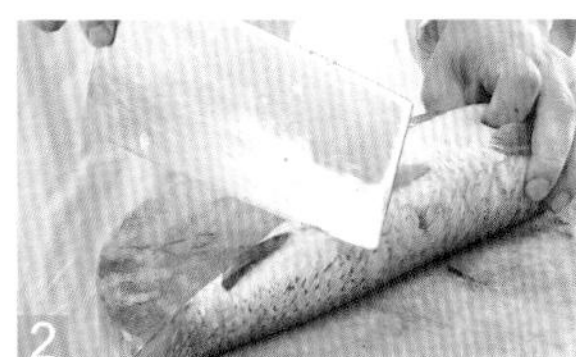

2 用刀切去鱼鳍。

3 用手挖去鱼鳃（也可以用剪刀剪去）。

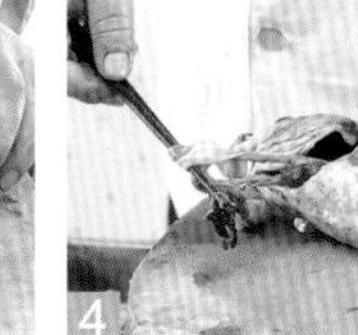

4 将筷子伸入鱼腹中，转动筷子将鱼内脏卷出。

5 用清水将鱼身内外的黏液和血污洗净即可。

## 鲤鱼去白筋

1 在靠近鲤鱼鳃部两侧分别切小口。

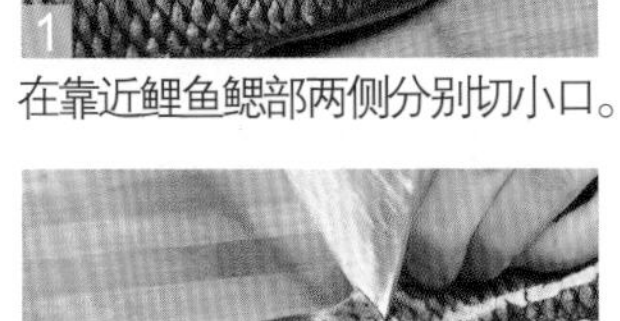

2 尾部两侧同样切一个小口。

3 可以看到白筋露出来，用手捏住，轻轻用力即可抽出。

## 黄鱼预处理

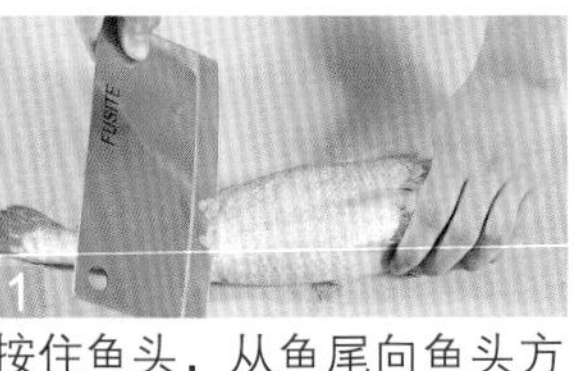


1 按住鱼头，从鱼尾向鱼头方向刮去鱼鳞。

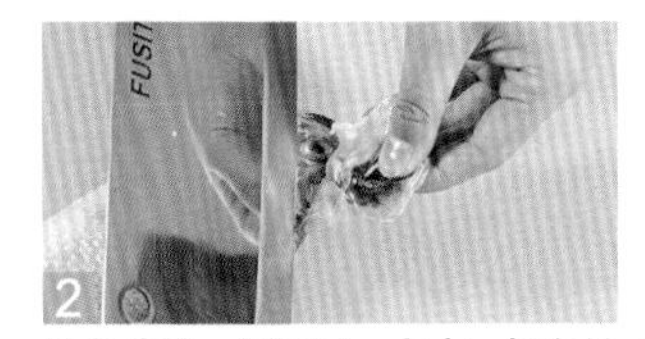


2 从鱼头盖一侧切开一点皮，把鱼的头盖皮全部揭下（可去腥味）。

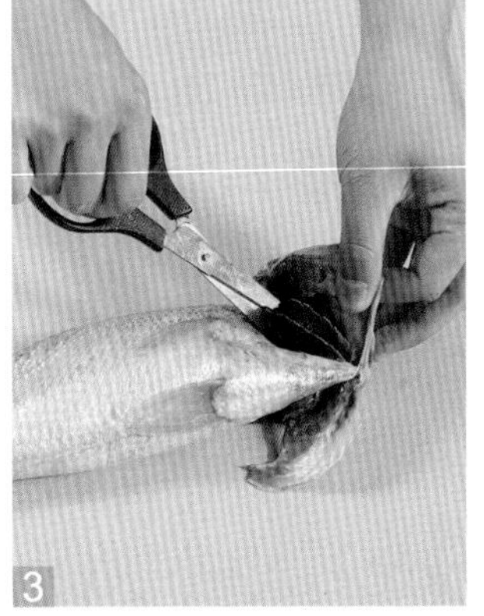

3 用剪刀将鱼鳃剪去。

4 把筷子从鱼嘴插入，用力卷出内脏，把鱼身内外冲洗干净即可。

## 鲇鱼预处理

（鳝鱼预处理方法相似）

1 用刀背拍鲇鱼头部，将其拍晕。

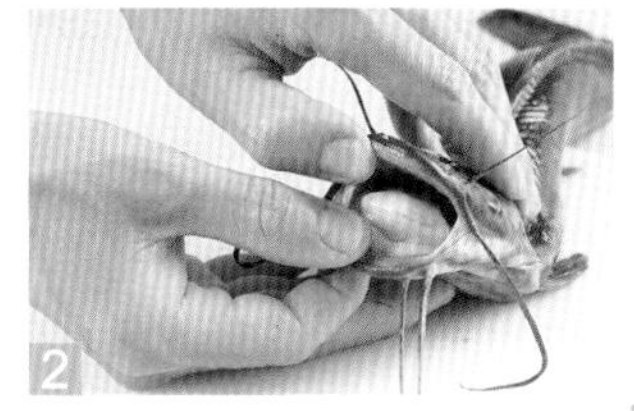

2 用手将鱼嘴掰开。

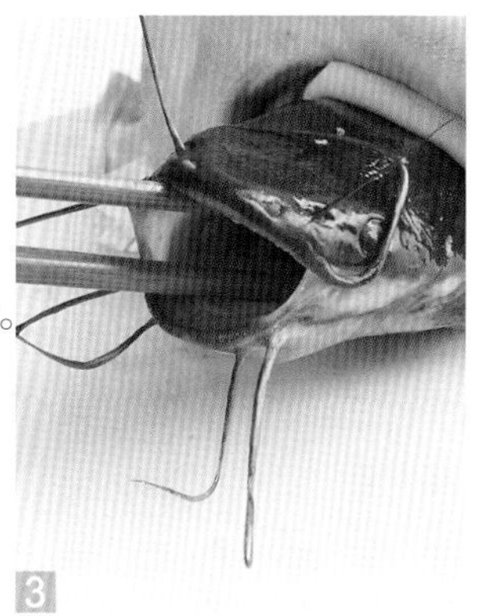

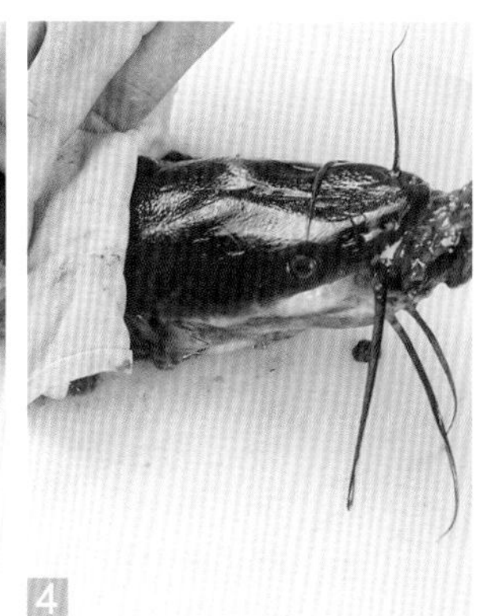

3 4 将筷子从鱼嘴伸进去，边转动边向外拉，即可将其内脏拉出。最后用淡盐水洗净鱼身表面的黏液、血污即可。

## 鳗鱼预处理

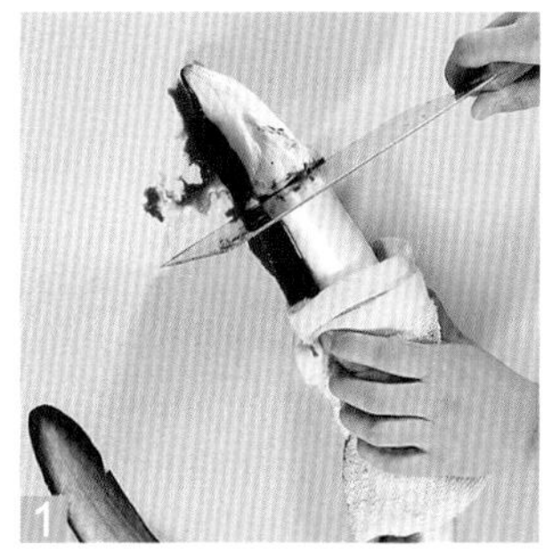

1 用刀背拍晕鳗鱼后用毛巾包住鱼身，一手按住，用刀剁下鱼头（不要完全剁开）。

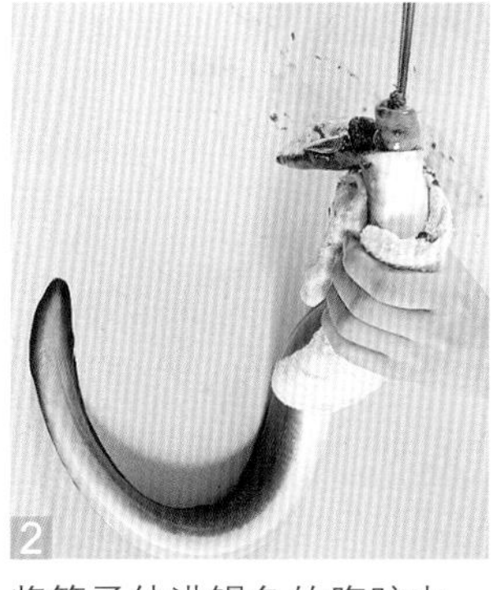

2 将筷子伸进鳗鱼的腹腔中，转动筷子，将内脏卷出。

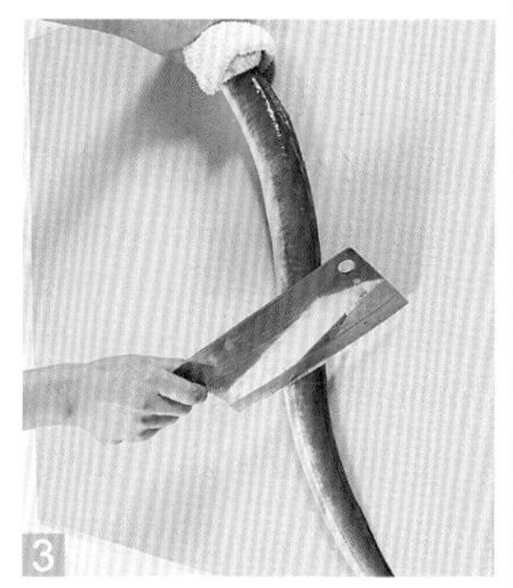

3 用刀将鳗鱼身上的鱼鳞刮去，冲洗净即可。

## 带鱼预处理

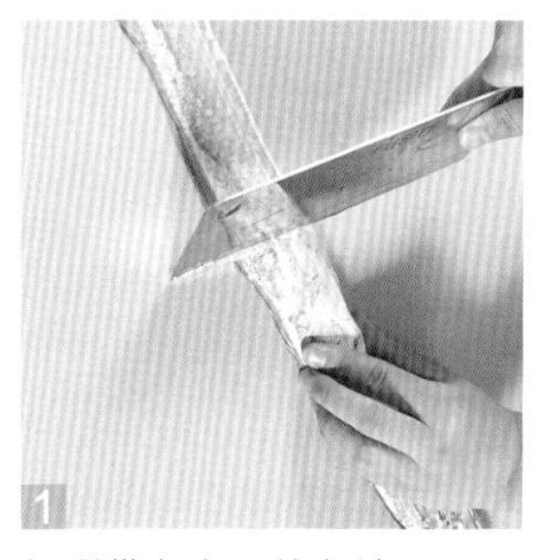

1 轻刮带鱼身上的鱼鳞，不要刮破鱼皮。如果是新鲜带鱼，可不必去鳞。

2 用剪刀沿着鱼背剪去背鳍。

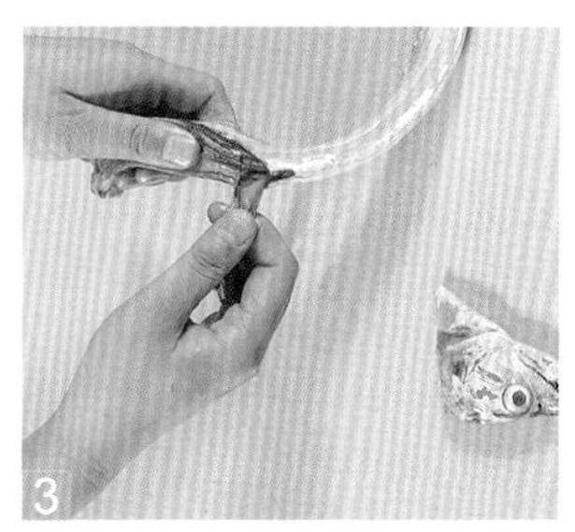

3 切去鱼的尖嘴和细尾，再用剪刀沿着鱼的口部至脐部剖开，剔去内脏和鱼鳃，最后用清水把鱼身冲洗干净即可。

## 墨鱼预处理

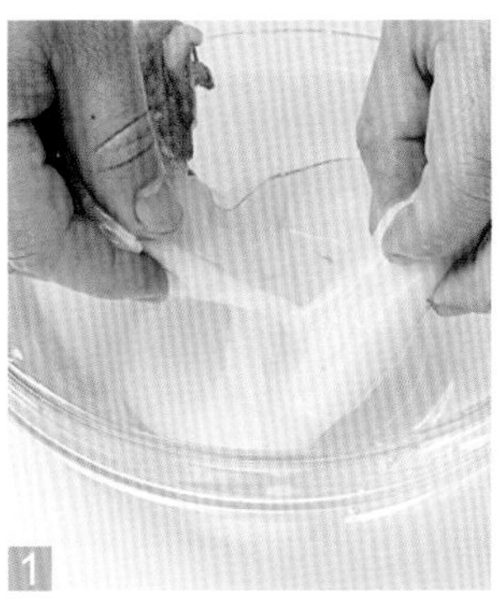

从市场买回来的墨鱼，通常已经去掉外皮、内脏，可直接用水冲洗干净。

将墨鱼褶皱裙边撕开，剥除皮膜。

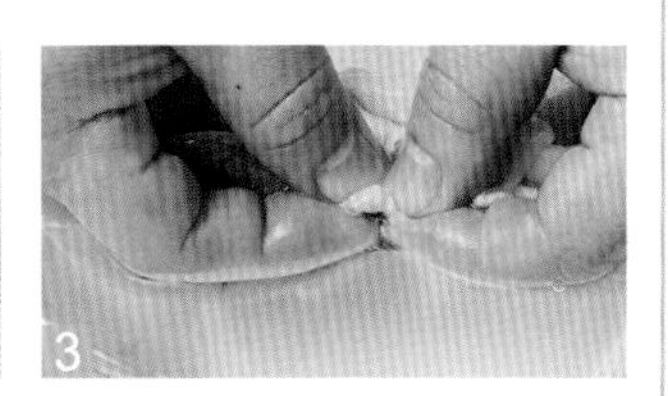

去除头足部位的污物。

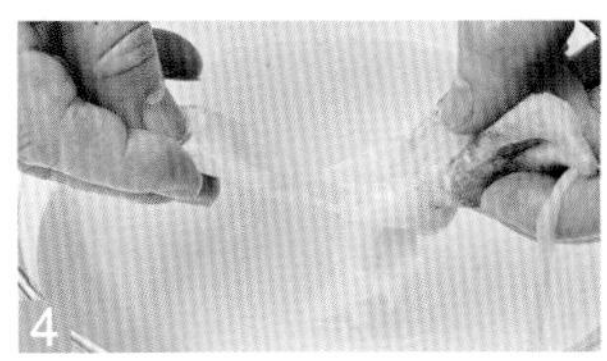

用手剥除头足部位中心最硬的部位。

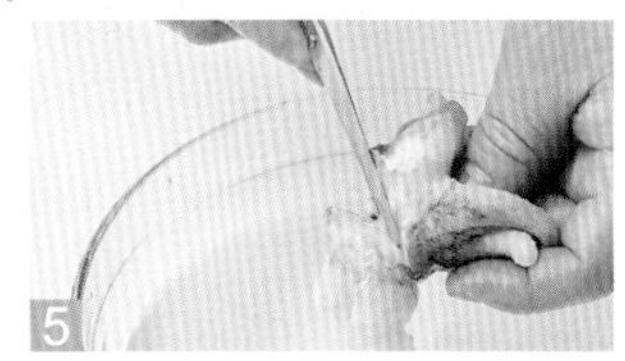

切下头足部位，将眼睛、口等用剪刀剪掉即可。

## 鲜鱿鱼预处理

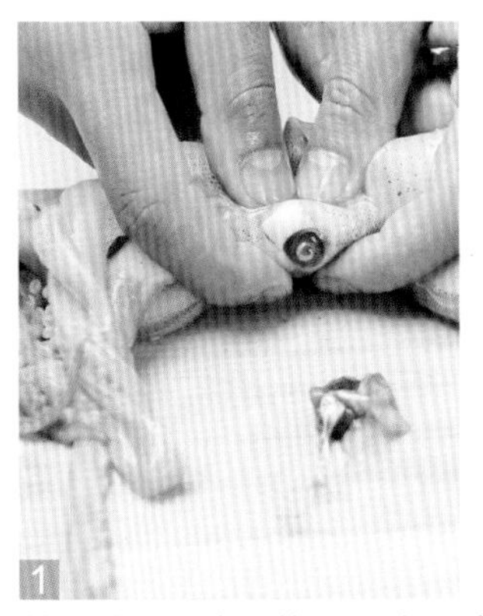

鱿鱼冲洗干净后挤去眼睛。

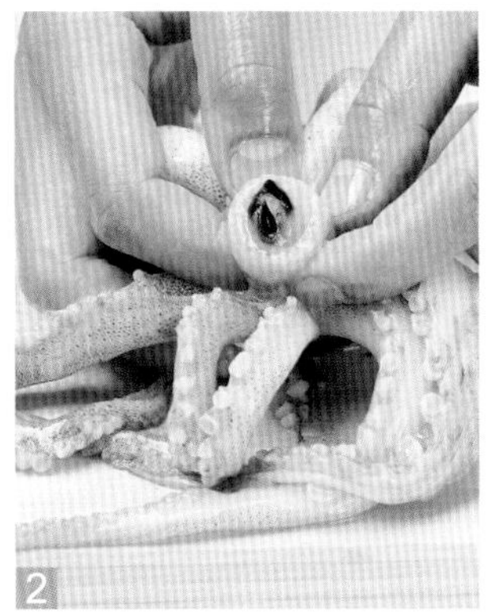

同样挤去牙齿。

挤去鱿鱼须上的白色吸盘，剖腹，去内脏和软骨。

撕掉鱿鱼背部的黑膜即可。

## 干鱿鱼预处理

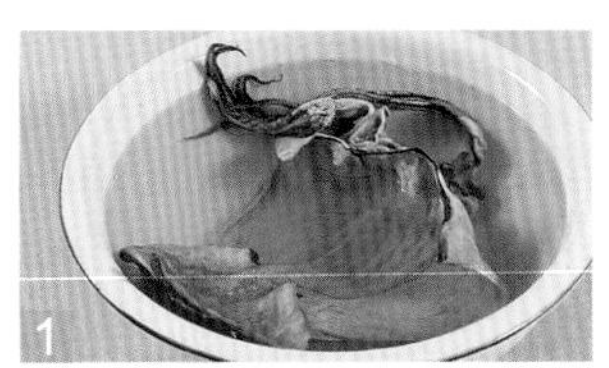

干鱿鱼用清水泡软（夏天用冷水，冬天用温水）。

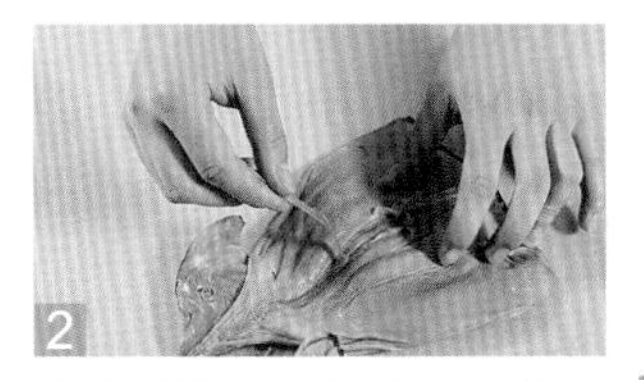

撕去其体内的软骨和血膜。

放入陶土或搪瓷容器中，倒入清水和食用碱（每500克干鱿鱼放50克食用碱，清水的量以淹没鱿鱼干为度），上面压一个重物。

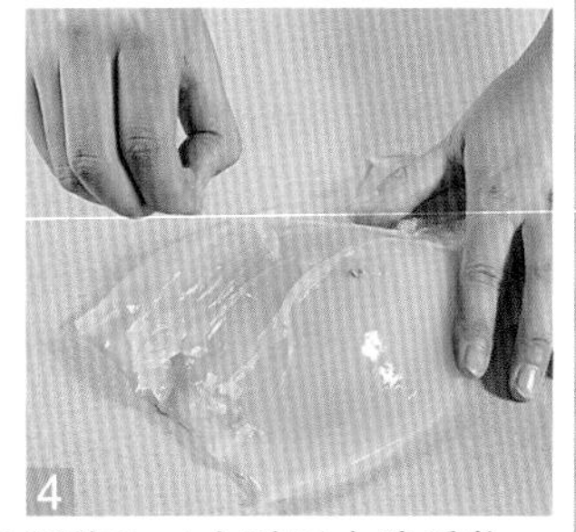

浸泡3~4小时后去除重物，加入碱水量3倍的沸水，用力搅动，1小时后干鱿鱼涨发变软，倒出一半碱水，再冲入等量沸水浸泡半小时，取出，撕去表面薄膜即可。

## 虾预处理

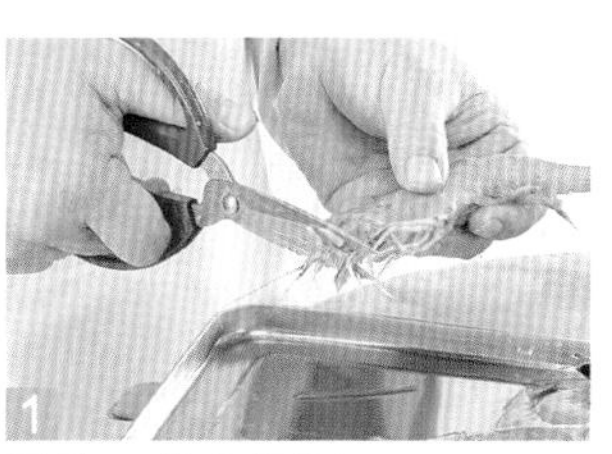

用剪刀剪去虾须。

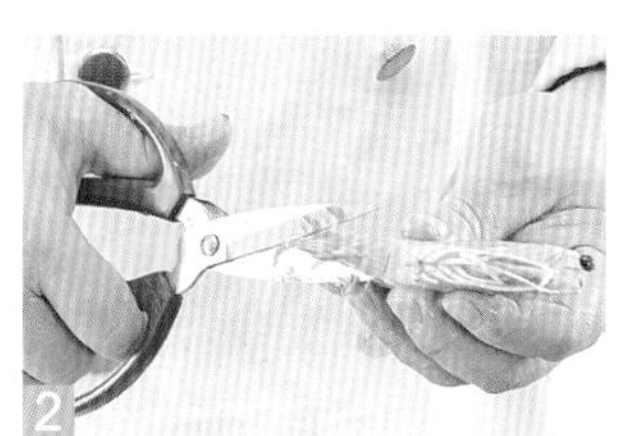

剪去虾足。

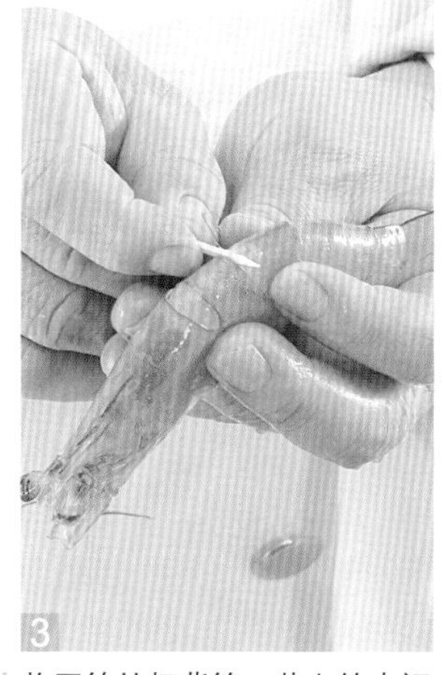

将牙签从虾背第二节上的壳间穿过。

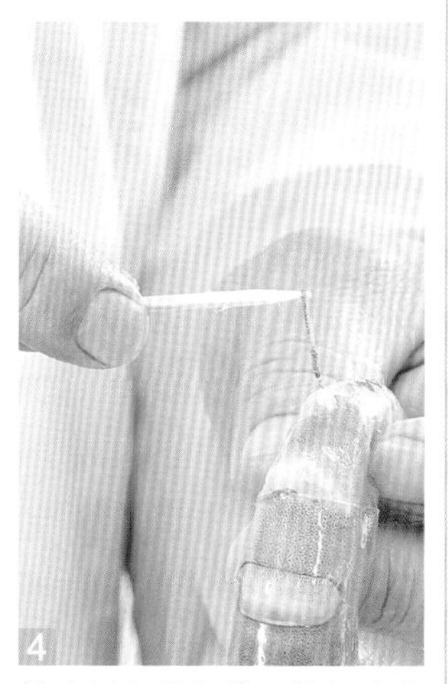

挑出黑色的虾线，将虾洗净即可。

## 取虾仁

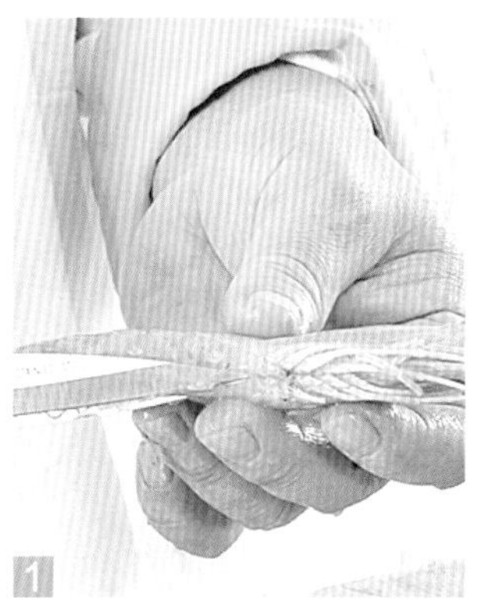

仿照“虾预处理”中第3、4步的方法去除虾线，再用剪刀剖开虾腹。

择去虾头。

剥去虾壳。

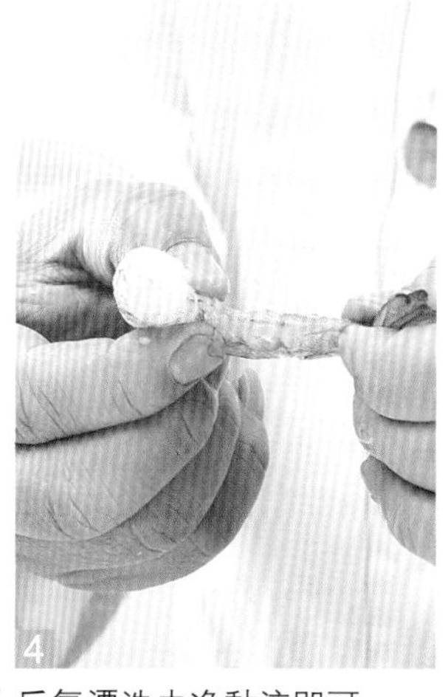

反复漂洗去净黏液即可。

## 干海带预处理

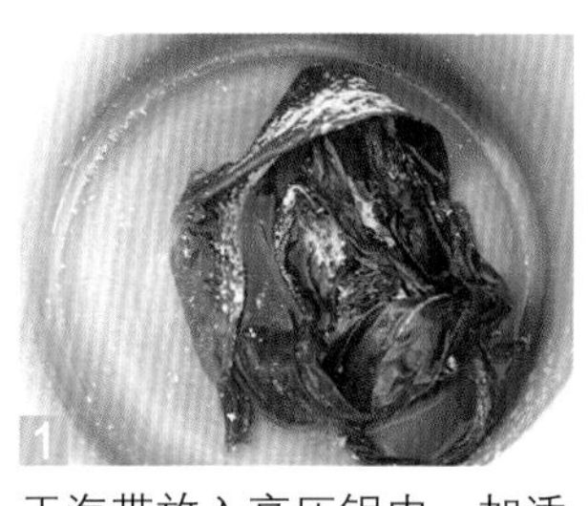

干海带放入高压锅内，加适量水，盖上盖子，加热至上汽后压3分钟。

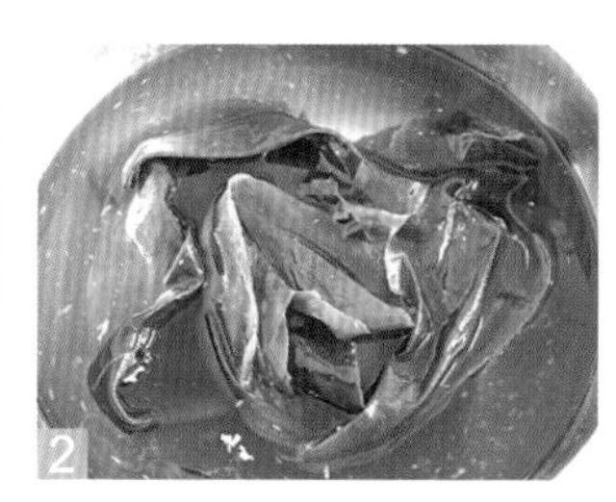

捞出海带放入冷水中，浸泡3小时以上，中途要换2次水。

浸泡后再洗净表面的杂质即可。

## 鲜蛤蜊预处理

1 蛤蜊用水冲洗一下，放入盆中。

2 盆中加入清水，放少许盐、香油。

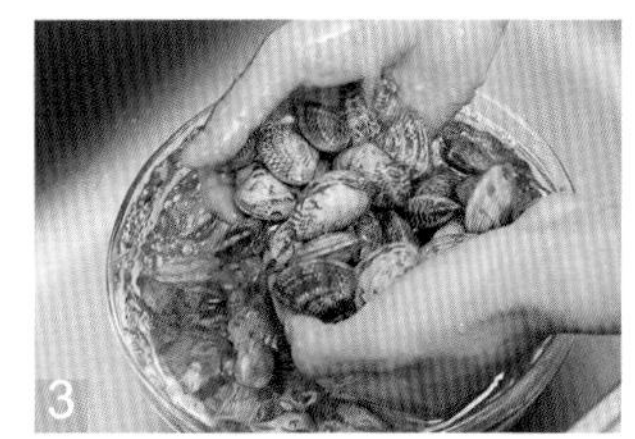

3 泡3~4小时后蛤蜊的沙子吐得差不多了，再次洗净即可。

## 干蛤蜊预处理

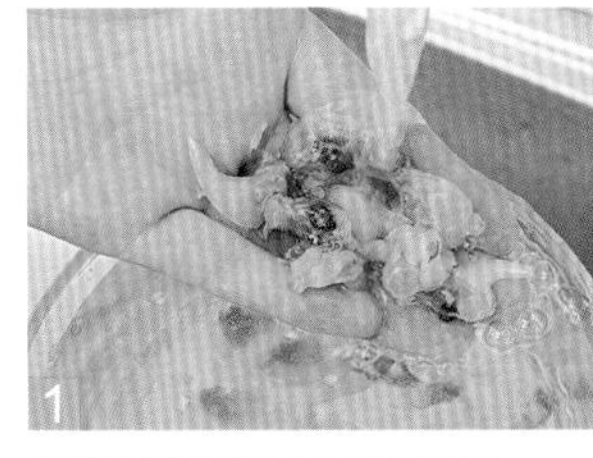

1 干蛤蜊用清水冲洗干净。

2 放碗中，倒入温水至没过干蛤蜊，浸泡24小时至回软。

3 泡好的干蛤蜊再次洗净即可。

## 螃蟹预处理

1 将螃蟹在清水中浸泡10分钟，用细毛刷将蟹身刷洗干净。

2 揭去蟹壳。

3 除去蟹肺等杂物。

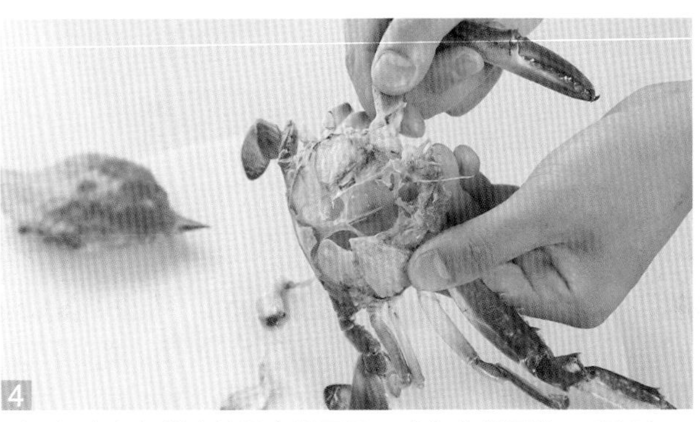

4 掰下蟹脚和蟹钳（从没有钳子的一端向有钳子的一端掰）。

5 再用水冲洗干净即可。

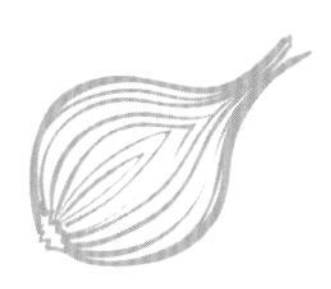

# 第二章

## 人间烟火，家常味道

难度：★☆☆

## 老醋拌苦菊

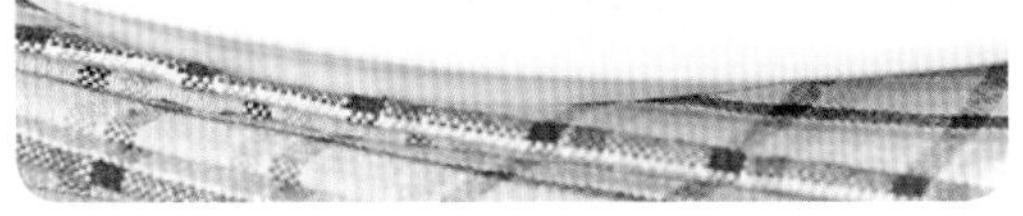

**原料** 苦菊200克，油炸花生米50克

**调料** 陈醋、蜂蜜各1小勺，蒜蓉、白糖、盐、香油各适量

**制作方法**

1

2

1. 苦菊沥干水，撕成段。将蒜蓉、陈醋、蜂蜜、白糖、盐、香油调成味汁。
2. 将苦菊与炸花生米放入容器中，倒入味汁，用筷子搅拌均匀即成。

难度：★☆☆

## 剁椒手撕蒜薹

**原料** 花生250克，蒜薹250克

**调料** 剁椒20克，八角1个，桂皮、小茴香、盐、自制葱油各适量

**制作方法**

1

2

1. 花生用八角、桂皮、小茴香、盐煮熟后浸泡入味。将蒜薹过水，蒜薹根切去一小部分。用手顺着破裂的方向轻轻撕开，尽量不断开。
2. 将撕好后的蒜薹放在盛器中码放整齐。将剁椒、葱油、煮花生与蒜薹一起调拌均匀即可。

难度：★☆☆

# 炝拌莴笋

## 原料

莴笋 ………………………… 1根

## 调料

干辣椒 ……………………… 2个
姜丝 ………………………… 适量
盐 …………………………… 适量
白糖 ………………………… 适量
白醋 ………………………… 适量
花生油 ……………………… 适量
花椒 ………………………… 适量

## 制作方法

1

2

3

4

1. 莴笋切条，洗净后加盐拌匀，腌渍30分钟后挤干水，撒上少量姜丝。

莴笋千万不要用开水烫。将莴笋切成条后用水龙头的流动水冲洗几分钟，然后用盐腌渍即可。这样处理过的莴笋条晶莹透亮而且硬挺有型，不会发软。

2. 干辣椒切段。锅内放花生油烧热，下入干辣椒段炸焦，再下入花椒炸出香味。将辣椒捞出备用。
3. 把热油浇在莴笋条上的姜丝上。
4. 锅中下入白糖和白醋，熬化后浇在莴笋上，腌渍3小时至入味，捞出装盘，用辣椒点缀即成。

难度：★☆☆

# 酸汤茭瓜丝

**原料** 鲜茭瓜 1 个（约 250 克）

**调料** 小米辣圈 2 克，姜末、蒜末各 5 克，糙米醋、生抽各 2 小勺，美极鲜酱油 1 小勺，柠檬半个

**制作方法**

1. 将切成细丝的茭瓜放入冰水内浸泡 10 分钟。
2. 将美极鲜酱油、生抽、糙米醋依次加入调料碗中，再将姜末、蒜末、小米辣圈浸泡起来。将柠檬汁挤入调料碗中，调拌均匀。泡好的茭瓜丝捞出，装盘，浇上调料即可。

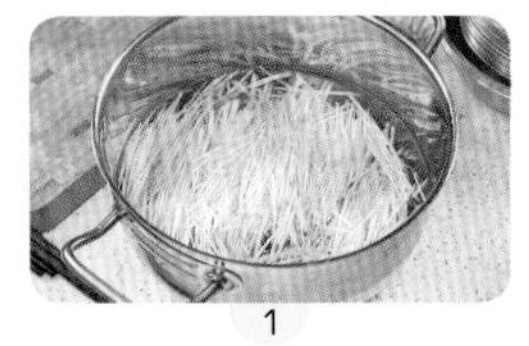

1

2

难度：★☆☆

# 银耳拌山楂

**原料** 银耳 250 克，罐头山楂半罐

**调料** 白糖、白醋各适量

**制作方法**

1. 银耳用冷水泡发，削去根部硬心，洗净。银耳放在小盆内，冲入沸水，加盖再泡10分钟。
2. 白糖放入小盆内，加适量开水将白糖化开，再加入白醋搅匀，制成糖醋汁。将银耳捞出，挤去水，放入糖醋汁内腌渍4小时。腌好的银耳捞出，摆入盘中，将罐头山楂围在银耳周围即成。

1

2

难度：★☆☆

# 拌桔梗

**原料** 桔梗 250 克

**调料** 辣椒粉 5 克，白糖 3 克，醋 1 小勺，芝麻 6 克，盐适量

### 制作方法

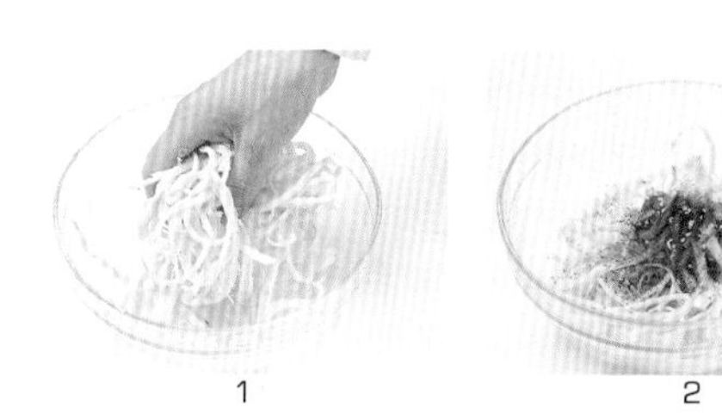

1　　2

1. 将桔梗去皮，撕成条。拌入盐揉搓，用清水反复冲净，再用盐腌入味。
2. 将腌好的桔梗滗去水，放入辣椒粉、白糖、醋、芝麻拌匀，装入盘内即成。

难度：★☆☆

# 爽口海凉粉

**原料** 海凉粉 1 袋

**调料** 小金钩海米 25 克，蒜 20 克，香菜 15 克，味极鲜 2 小勺，香醋 1 小勺，糖少许，盐 1/4 小勺，香油 1 小勺

### 制作方法

1

2

1. 取海凉粉一袋，去除包装，切小块。将海米清洗一遍，蒜切末，香菜切段。将海米、蒜末、香菜段和海凉粉放到一起。
2. 加入味极鲜、香醋、糖、盐和香油，拌匀。装盘即可。

# 黄瓜拌豆皮

## 原料

黄瓜 ………………………… 1根

豆腐皮 ……………………… 1张

## 调料

白砂糖、香油………… 各1小勺

大蒜 ………………………… 4瓣

香菜 ………………………… 2棵

陈醋 ……………………… 2小勺

生抽 ……………………… 1大勺

盐 ……………………… 1/2小勺

花椒油 ……………………… 适量

## 制作方法

1

2

3

1. 黄瓜切丝。大蒜、香菜剁碎。
2. 豆腐皮切丝，汆烫1分钟，过凉水，捞出沥净水。
3. 将生抽、盐、糖、醋、蒜放入盆内，拌匀。
4. 加入豆腐皮、黄瓜丝、香菜拌匀，最后淋上香油和适量花椒油即可。

4

**下厨心语**

豆腐皮有两种：一是挑成的，就是煮豆浆时挑起表层油脂制成的，也叫油皮、豆腐衣；二是压制成的，与豆腐近似而较薄（比油皮要厚很多），稍干。二者形状、成分、口味、菜肴做法均有较大差别。这道菜用的材料是后者。

难度：★☆☆

# 芝麻海带拌豆渣

**原料** 北豆腐 260 克，海带 50 克，北极虾 6 只

**调料** 黑白熟芝麻 1 勺，香油 1 小勺，盐 1/4 小勺，鱼生酱油 1 小勺

**制作方法**

1. 将北豆腐碾成泥状，用纱布包裹好，稍微攥掉水。将海带洗净盐分，入水泡发。将泡好的海带切碎，放到豆腐泥中，加入香油、盐和鱼生酱油搅拌均匀，放入微波炉中高火加热 3 分钟。
2. 在调好味儿的豆腐泥上撒烤熟的黑白芝麻，拌匀。北极虾去头、壳，撕成小块。将豆腐泥盛到容器中，放上虾肉，拌匀即可。

难度：★☆☆

# 鞭炮豆腐

**原料** 卤水豆腐 250 克，鸡蛋 1 个，淀粉 3 大勺

**调料** 川味剁椒 50 克，花生油、盐各适量

**制作方法**

1. 豆腐切两指宽长条。入锅前用盐腌半小时。取蛋黄备用，同时将盐腌过的豆腐用淀粉裹匀。
2. 裹好淀粉的豆腐放入蛋黄液中裹匀。平底锅烧热后放油，将豆腐煎至金黄即可。

1

2

# 台湾卤猪脚

## 原料

猪脚 ……… 1只(约1000克)

## 调料

生抽 …………………… $1\frac{1}{2}$大勺
米酒 …………………… $1\frac{1}{2}$大勺
老抽 …………………… 1/2 大勺
冰糖 …………………… 25克
姜片 …………………… 50克
香葱结 ………………… 30克
大蒜 …………………… 30克
花生油 ………………… 适量

## 制作方法

1

2

3

4

1. 锅入水烧开，放入猪脚汆烫至水再次沸腾，捞起，放入冷水中冲洗干净。
2. 锅入油烧热，放入猪脚。小火翻炒至肉皮紧缩时，放入姜片、香葱结、大蒜炒出香味。
3. 锅内倒入适量清水，加入生抽、老抽、米酒，大火烧开，熄火。
4. 将猪脚及汤汁移入深锅内，再放入冰糖。加盖，用小火慢慢煮制，中途翻动几次，待汤汁收至浓稠时即可起锅。

**下厨心语**

制作这道菜的关键是，放入的水量要比正常卤肉少一半。这样收汁的时候就更容易入味，煮出来的猪脚皮清爽滑嫩、入味，而且煮的时间也不用太长。

难度：★★☆

# 豆芽拌耳丝

**原料** 猪耳朵 300 克，绿豆芽200 克，红椒 50 克

**调料** 盐 4 克，香油、酱油、料酒各 2 小勺

**制作方法**

1

2

1. 豆芽洗净，择去两端。猪耳朵治净。豆芽入沸水中焯熟，捞出。
2. 将猪耳朵放入开水锅中，加盐、料酒、酱油煮熟，捞出切丝。红椒洗净，切丝。将猪耳朵与豆芽、红椒丝拌匀，再淋上香油即可。

难度：★☆☆

# 温拌腰花

**原料** 猪腰 400 克

**调料** 盐 1 小勺，泡椒 30 克，姜 、蒜各 20 克，花生油适量

**制作方法**

1

2

1. 猪腰治净，剞麦穗花刀，下沸水锅中氽水，捞出装盘，待用。泡椒洗净，剁碎。姜洗净，切末。蒜去皮，切成蒜蓉。
2. 油锅烧热，放入泡椒碎、姜末、蒜蓉、盐翻炒成味汁。将炒好的味汁倒在腰花上，拌匀即可。

难度：★☆☆

# 白斩鸡

**原料** 净鸡 1 只

**调料** 米酒 1 小勺，葱段、姜片各适量，葱花、姜末各适量，料酒 、高汤各适量，盐 、花生油各适量，彩椒碎适量

**制作方法**

1. 净鸡表皮抹油，放入蒸锅，撒入葱段、姜片，大火蒸15分钟，熄火再闷10分钟。取出鸡，趁热淋上米酒，凉凉后切块。
2. 将葱花、姜末、料酒、高汤、盐调匀，淋上热油制成味汁。将调好的味汁浇在鸡块上，撒彩椒碎即可。

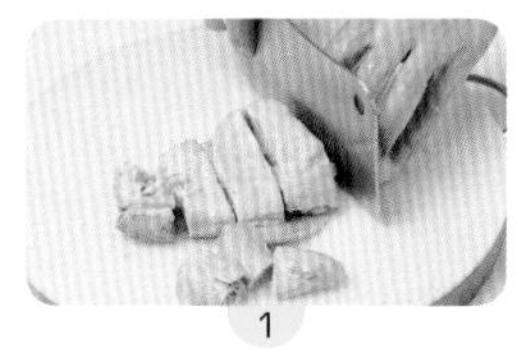

1

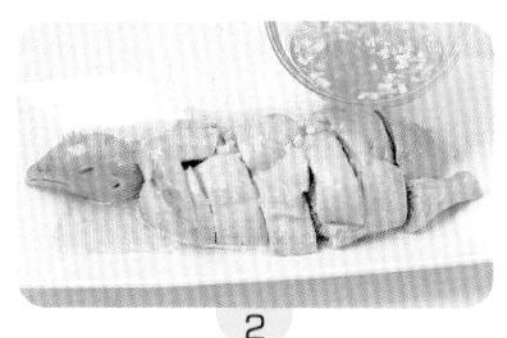

2

难度：★☆☆

# 鸡肉凯撒沙拉

**原料** 罗马莴苣 100 克，去骨鸡腿 1 个，培根 100 克，面包 1 片，番茄 1 个，银鱼柳 30 克，生菜适量

**调料** 黄油 40 克，大蒜 10 克，盐 3 克，柠檬汁 1/2 小勺，巴马臣奶酪粉 10 克，黑胡椒碎、凯撒汁各适量

**制作方法**

1. 将鸡腿肉洗净，用盐、黑胡椒碎和柠檬汁腌制一下，然后放入平底锅中用中火将鸡腿肉煎熟，切成粗条，备用。用不粘锅小火煎制培根上色，切成8厘米长的条，备用。
2. 生菜洗净，晾干；番茄切成小块。生菜放入容器中，倒入凯撒汁，搅拌均匀后装入盘中。
3. 把番茄块放入盘中，接着放上罗马莴苣、培根、银鱼柳、巴马臣奶酪粉和黑胡椒碎，最后放上切好的面包丁即可。

难度：★★★

# 越南牙车筷

### 原料

鸡腿 …………………… 220克
胡萝卜 …………………… 20克
紫甘蓝 …………………… 15克
洋葱 …………………… 10克

### 调料

九层塔 …………………… 3克
香菜 …………………… 10克
泰国小辣椒 ……………… 4个
青柠檬汁 ………………… 1小勺
鱼露 …………………… 1大勺
辣酱、香油 ………… 各1/2大勺

### 制作方法

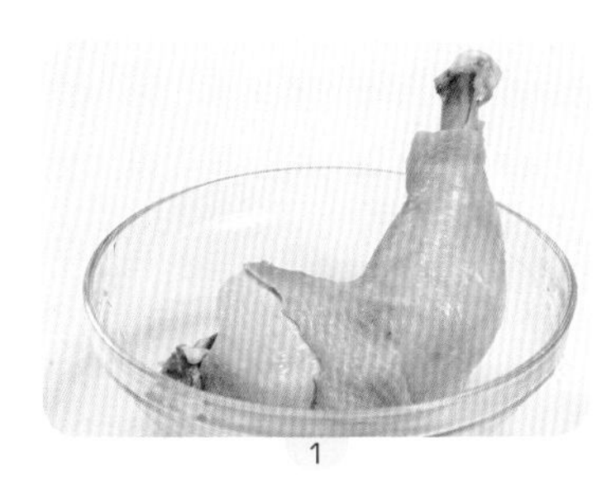
1

2

3

1. 鸡腿洗净，用水煮熟，过凉后用手撕成条，备用。

建议从热锅中将鸡腿捞出来后，立即放入冰水中，这样鸡肉的口感更筋道。

2. 洋葱、紫甘蓝、胡萝卜洗净，切成丝。香菜洗净，切成段。泰国小辣椒洗净，切成圈。
3. 把准备好的食材拌在一起，用青柠檬汁、鱼露、辣酱和香油调味后装入盘中。
4. 用洗干净的九层塔点缀即可。

4

难度：★☆☆

# 青苹果鸡肉沙拉

## 原料

鸡脯肉 ………………… 300 克
青苹果 ………………… 100 克
土豆 …………………… 100 克
胡萝卜………………………50 克
枸杞 ………………………20 克

## 调料

盐 ……………………… 1 小勺
沙拉酱 ………………… 2 大勺

## 制作方法

1

2

3

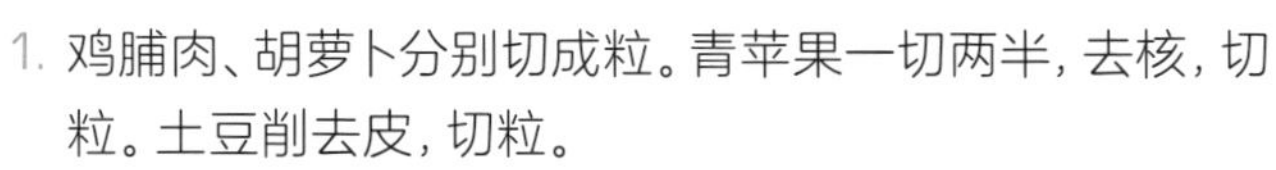

1. 鸡脯肉、胡萝卜分别切成粒。青苹果一切两半，去核，切粒。土豆削去皮，切粒。
2. 锅中加水烧开，放入步骤 1 的原料焯熟，捞出。
3. 将枸杞浸泡变软，控水待用。
4. 将所有原料拌在一起，加入盐、沙拉酱拌匀即可。

4

难度：★☆☆

# 小主厨沙拉

## 原料

鸡胸肉 …………………… 1/2 片
柠檬、西红柿 ……… 各 1/2 个
生菜叶、奶酪片………… 各 2 片
熟鸡蛋 …………………… 1 个
熟虾仁 …………………… 5 个
圆火腿 …………………… 2 片
青椒 …………………… 1/4 个

## 调料

清酒 …………………… 1 勺
盐……………………… 1/4 小勺
沙拉酱 …………………… 2 大勺

## 制作方法

1

2

3

4

1. 鸡胸肉清洗干净下锅，放入柠檬，倒入清酒和盐，煮熟。煮熟的鸡胸肉顺丝切成条状。将熟鸡蛋切成片。
2. 将青椒、奶酪片、圆火腿均切成丝，西红柿切成丁。
3. 生菜叶洗净，沥干水，撕成片。
4. 将处理好的食材放在盛有生菜叶的盘中码放好。淋上沙拉酱，拌匀即可。

难度：★☆☆

# 美式海鲜沙拉

**原料**

鲜鱿鱼 ………………………… 1个
大虾 ……………………………… 2只
章鱼 ………………………… 100克
青椒块、红椒块、黄椒块 … 共100克
紫甘蓝、生菜………… 各30克

**调料**

柠檬汁 ……………… 1/2小勺
橄榄油 ……………… 1/2大勺
盐、白胡椒碎 ……………… 适量
美国“辣椒仔”辣汁 ……… 少许
李派林辣酱油 …………… 少许

**制作方法**

1

2

3

4

1. 把鱿鱼、章鱼和大虾治净，鱿鱼切圈，章鱼切块，一起下入开水锅内汆熟，过凉后备用。
2. 紫甘蓝和生菜洗净，沥干水，放在盘子里垫底。
3. 处理好的海鲜、青椒块、红椒块、黄椒块放到容器中，加入盐、白胡椒碎、柠檬汁、橄榄油、美国“辣椒仔”辣汁和李派林辣酱油，搅拌均匀。
4. 把拌好的食材放在生菜和紫甘蓝上边即可。

难度：★★☆

# 豉汁扇贝

**原料** 扇贝 500 克

**调料** 豆豉 1 小勺，蒜泥、酱油 、蚝油、 香菜末、水淀粉、香油、花生油 各适量

**制作方法**

1. 锅中加适量清水，放入扇贝烧开，待扇贝稍张开口时捞出。取半片壳摆盘。
2. 炒锅放油烧热，下蒜泥、豆豉炒香，放入蚝油、酱油及少许清水烧开，用水淀粉勾芡。淋上香油，撒入香菜末，均匀地浇在扇贝肉上即成。

1

2

难度：★☆☆

# 葱拌八带

**原料** 八带 300 克

**调料** 葱片 15 克，姜片 5 克，姜丝 10 克，料酒 1 小勺，醋 1/2 小勺，味极鲜 2 小勺，香醋 1 小勺，香油 1/2 小勺

**制作方法**

1. 八带清洗干净。锅入水烧至八九成热，倒入料酒和葱片、姜片，放入八带，倒入 1/2 小勺醋，烧开。汆至变色，八带腿打卷，头部变硬，捞出，投入凉开水中过凉。
2. 将八带改刀、去口器，小八带可以不必切。加入味极鲜、香醋、香油。拌匀，装入容器即可。

1

2

难度：★☆☆

# 醋熘海米白菜

**原料**

嫩白菜 ………………… 400克
海米 ……………………… 50克

**调料**

香菜段 …………………… 25克
料酒、醋、酱油 ………… 各适量
盐、花椒、香油 ………… 各适量
花生油 …………………… 适量

**制作方法**

1

2

3

4

1. 白菜片成抹刀片。海米泡软，控干。
2. 炒锅放油烧热，下花椒炒香，捞出花椒弃去。锅中放入海米炒出香味。
3. 放入白菜片，烹入料酒、醋煸炒至断生。
4. 锅中加入盐、酱油炒匀，淋上香油，撒上香菜段，装盘即成。

难度：★☆☆

# 阿婆手撕包菜

### 原料

圆白菜 …………………… 半棵
五花肉片 ……………… 250 克

### 调料

盐 …………………… 1/4 小勺
花椒油 ……………… 1 小勺
蒜 …………………………… 3 瓣
姜片 ………………………… 5 克
蚝油、生抽 ………… 各 1 大勺
干红椒 ……………… 3 ~ 5 个
花生油 …………………… 适量

### 制作方法

1

2

3

4

1. 干红椒切段。炒锅烧热，入凉油，放五花肉片小火干煸至变白，入干椒段、一半姜、1 瓣蒜，小火煸炒。

加入五花肉可以给菜增加一些动物油脂，从而增加香味。在煸炒五花肉时应尽量用小火，慢慢把油煸出来，这样吃起来才不会油腻。

2. 直至肉色变成微黄色、出油，放入剩余的姜、蒜，炒出香味。
3. 放入撕好的圆白菜，加入蚝油、盐、生抽，用中火慢慢炒制。
4. 炒至圆白菜变软，加入花椒油即可出锅。

# 金蒜四季豆

## 原料

四季豆 …………………… 250 克

## 调料

蒜 …………………………… 10 瓣

干红辣椒 ………………… 2 个

花椒 ……………………… 适量

酱油 ……………………… 适量

盐 ………………………… 适量

花生油 …………………… 适量

## 制作方法

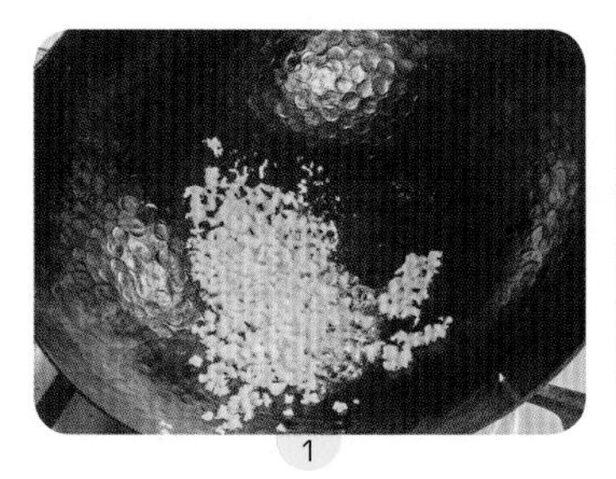
1

2

3

4

1. 将 6 瓣蒜切碎。四季豆去筋掰成段。干红辣椒切段。炒锅烧热后放入少量花生油，将蒜碎炸至金黄，凉凉备用。

四季豆要先去筋，成菜口感才好。

2. 锅中加少许花生油，放入其余蒜瓣及四季豆小火煸炒至四季豆变色、变软，盛出备用。
3. 花椒及干红辣椒放入锅中炒香。
4. 加入四季豆继续翻炒至成熟，并加入少许酱油及盐调味即可。

难度：★☆☆

# 榄菜肉末炒豆角

### 原料

四季豆 …………………… 250 克
猪绞肉 …………………… 120 克
橄榄菜 …………………… 1 大勺

### 调料

盐、白糖 …………… 各 1/4 小勺
料酒、生抽 …………… 各 1 大勺
大蒜 ……………………… 2 瓣
新鲜红椒 ………………… 1 个
花生油 …………………… 适量

### 制作方法

1

2

3

4

1. 将四季豆择去筋，洗净，切很短的段。大蒜剁碎，红椒切圈。炒锅内烧热少许油，放入四季豆，调入盐，用小火煸炒。

四季豆不易入味，炒制时要先放盐。豆表皮起皱说明已经熟了。

2. 锅内放入蒜碎及猪绞肉，小火煸炒至出油。
3. 加入料酒、生抽、白糖及 1 大勺橄榄菜炒匀。

橄榄菜有咸味，所以肉里只需放生抽不用再放盐了。

4. 最后加入炒好的四季豆，放入红椒圈，大火炒 1 分钟即可。

难度：★☆☆

# 沙茶酱茄子焖豆角

## 原料

长豆角 ………………… 250克
长茄子 ………………… 2个
猪肉末 ………………… 50克

## 调料

沙茶酱 ………………… 2小勺
蒜片、盐、橄榄油 ……… 各少许
酱油 …………………… 1小勺
小香葱 ………………… 2根
鲜红辣椒 ……………… 2个

## 制作方法

1

2

3

4

1. 长豆角切成寸段。长茄子去皮，切成条。鲜红辣椒切圈。小香葱切成段。锅中水烧开后，加入少许盐和橄榄油，然后放入豆角焯水。
2. 炒锅烧热后放蒜片炝锅，加入猪肉末煸炒。
3. 茄子条放入锅中，与肉末同炒至茄子软烂后加入酱油。
4. 豆角放入锅中与茄条同炒，加少许水焖至九成熟。此时加入沙茶酱、鲜红辣椒及香葱段翻炒均匀，出锅即可。

难度：★★☆

# 豆角烧茄子

### 原料

长条紫皮茄子 ………… 250克
长豆角 ……………………… 120克
甜红椒 ……………………… 1个

### 调料

A：
盐…………………………… 1/2小勺
大蒜 ……………………… 2瓣
花生油 …………………… 适量
B：
生抽 ……………………… 2大勺
蚝油 ……………………… 1大勺
白砂糖 …………………… 1小勺
C：
玉米淀粉 ………………… 1小勺
清水 ……………………… 1大勺

### 制作方法

1

2

3

4

1. 所有原料洗净。茄子切段，豆角切段，红椒去籽，大蒜切末。将调料B及调料C分别入两只碗内，调匀备用。
2. 锅内加1大勺油烧热，放入茄段，用小火煎，直至变软，捞出沥净油。
3. 锅内加1小勺油，放入蒜末、豆角、盐，小火炒至豆角变深色。
4. 煎过的茄段纵切成长条，与红椒丝一起加入豆角中，加入调料B炒匀。加盖，用小火焖2分钟，然后加入调料C勾芡，出锅即可。

难度：★☆☆

# 花雕醉毛豆

**原料** 青毛豆 750 克

**调料** 花雕酒 半瓶，冰糖 15 颗

**制作方法**

1

2

1. 毛豆剪去两端边角。花雕酒与冰糖混合。
2. 将毛豆放入铁锅内，小火干烤至表皮出现斑驳的点。将花雕酒与冰糖混合的汁料烹入锅中，大火烧至汤汁浓稠且每粒毛豆呈半透明状即可。

难度：★☆☆

# 橙汁茄排

**原料** 茄子 250 克，鸡蛋 1 个，面包糠少许，面粉少许

**调料** 橙汁100 克，白糖 2 大勺，醋 1 大勺，花生油 适量

**制作方法**

1

2

1. 将茄子洗净，去皮，切片。鸡蛋打在碗中，搅散。茄片蘸上面粉、蛋液、面包糠，备用。
2. 锅入油烧热，放入茄片炸至金黄色，捞出摆盘。锅放油烧热，加入橙汁、白糖和醋烧开，浇在茄排上即成。

# 客家煎酿苦瓜

**原料**

苦瓜 ························ 1个
猪肉馅 ···················· 250克
荸荠 ························ 2个

**调料**

盐 ·························· 少许
淀粉 ······················· 20克
香油 ····················· 3小勺
花生油 ···················· 适量

**制作方法**

1

2

3

4

1. 荸荠去皮切碎。将荸荠碎与猪肉馅调和，加入盐、香油调匀。
2. 苦瓜切段去子，做成苦瓜圈。将调好的肉馅放入苦瓜圈内。
3. 蒸锅内倒水，待水开后将苦瓜圈放入，蒸制5分钟左右，使馅内油脂析出一部分。
4. 苦瓜圈两面蘸上淀粉，放入平底锅内，加入油，小火煎制。将苦瓜圈煎至两面金黄色即可。

难度：★☆☆

# 苦瓜煎蛋

## 原料

大鸡蛋 ························· 2个
苦瓜 ···························· 80克

## 调料

盐 ························· 1/2小勺
花生油 ······················ 1大勺
香菜 ···························· 1棵

## 制作方法

1

2

3

4

1. 苦瓜用牙刷刷洗干净，对半切开，挖去瓤，瓜肉切很薄的片。苦瓜片加1/4小勺盐拌匀，静置腌制10分钟。用手抓捏苦瓜片，挤净水。
2. 加入2个鸡蛋打散，再加入剩余盐调匀。
3. 锅烧热，加入花生油烧热，倒入蛋液，用筷子将苦瓜片摊匀。小火煎至表面呈微黄色、表层蛋液凝结，取一个大盘扣在蛋饼上，翻面再煎。
4. 继续用小火煎至表面呈金黄色，盛出。略放凉，切成自己喜欢的形状，用香菜装饰即可。

难度：★★☆

# 蓑衣黄瓜

### 原料

黄瓜 ……………………… 2根

### 调料

醋 ……………………… 4大勺

酱油、盐 ……………… 各1小勺

糖、花生油 ………… 各2大勺

花椒 ……………………… 6粒

葱末、姜末 ……………… 各适量

蒜末、干红辣椒段 ……… 各适量

### 制作方法

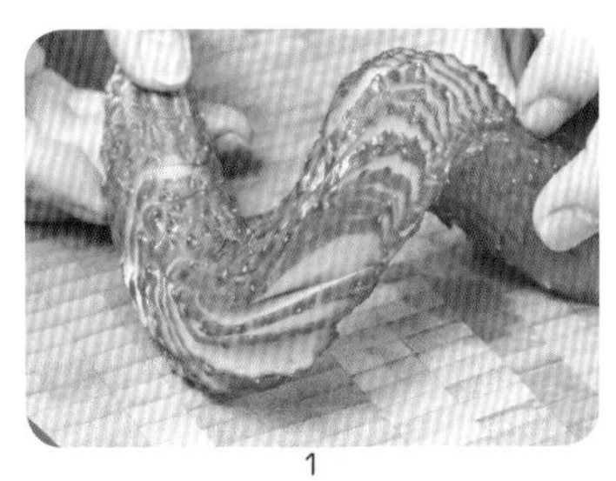

1

2

3

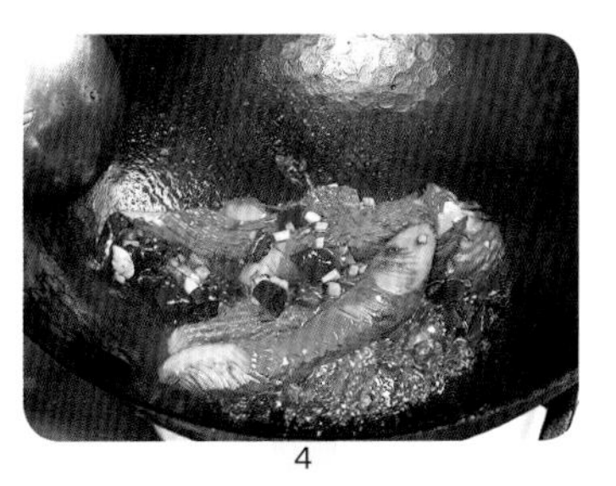

4

1. 黄瓜与刀呈30°角连续斜切至黄瓜的2/3处。一侧切好后，将另一侧按相同办法连刀切好，即成蓑衣刀。
2. 黄瓜上撒1小勺盐进行腌制。待黄瓜中的水全部析出，用手将其挤干。
3. 在盛器中加入葱末、姜末、蒜末、糖、醋、酱油，充分调匀。
4. 锅热后倒入花生油，放入花椒和黄瓜，迅速翻炒至变色，放入干红辣椒，烹入调制好的汁料，盛出凉凉即可。

难度：★☆☆

# 香焗南瓜

## 原料

南瓜 ······ 300克
咸蛋黄 ······ 100克

## 调料

白糖 ······ 2小勺
淀粉 ······ 3大勺
花生油 ······ 适量

## 制作方法

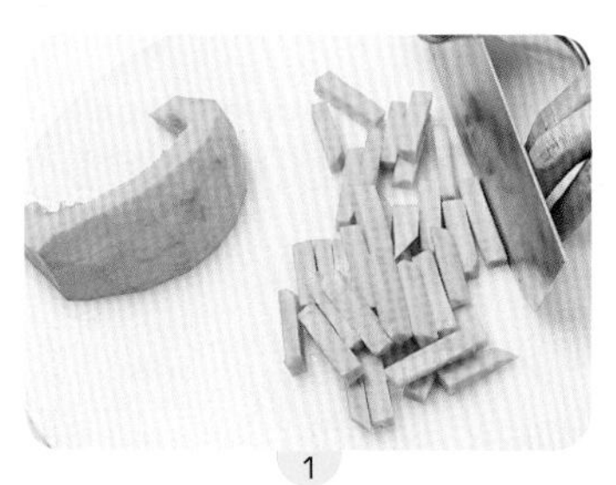
1

2

3

1. 南瓜洗净去皮，切成长条。咸蛋黄切碎，备用。
2. 锅置火上，放油烧至四成热，将南瓜条裹上淀粉，下锅炸至南瓜稍微变软时，捞出控油。
3. 锅内留少许油，放入切碎的咸蛋黄翻炒至起泡。
4. 锅中再放入炸好的南瓜条翻炒均匀，撒上白糖，即可装盘。

4

难度:★☆☆

# 什锦炒洋葱

### 原料

洋葱 ………………………… 150 克
猪瘦肉 ……………………… 100 克
红椒 ………………………… 20 克
青椒 ………………………… 20 克
木耳 ………………………… 20 克

### 调料

盐 ………………………… 1/3 小勺
白糖 ……………………… 1/2 小勺
花生油 ……………………25 毫升

### 制作方法

1

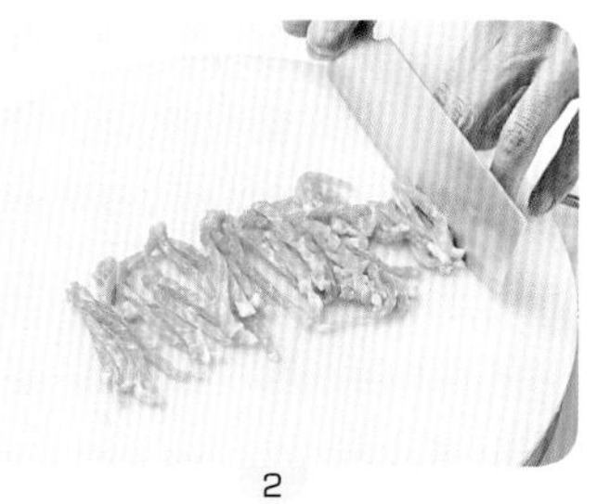
2

3

4

1. 洋葱、红椒、青椒均切成丝。木耳用冷水浸泡至涨发，撕成小朵。
2. 猪瘦肉切成丝，下入沸水锅中汆烫一下，立即捞出，沥干水分备用。
3. 炒锅置旺火上烧热，倒入一半花生油烧至八成热，放入洋葱丝爆香。
4. 加入猪肉丝、红椒丝、青椒丝、木耳，调入盐、白糖炒匀入味，淋明油即成。

# 蜜汁莲藕

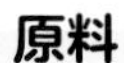

**原料**

莲藕 ························ 800 克

糯米 ························ 200 克

**调料**

冰糖 ·························· 10 克

麦芽糖 ························ 适量

彩椒碎 ························ 少许

**制作方法**

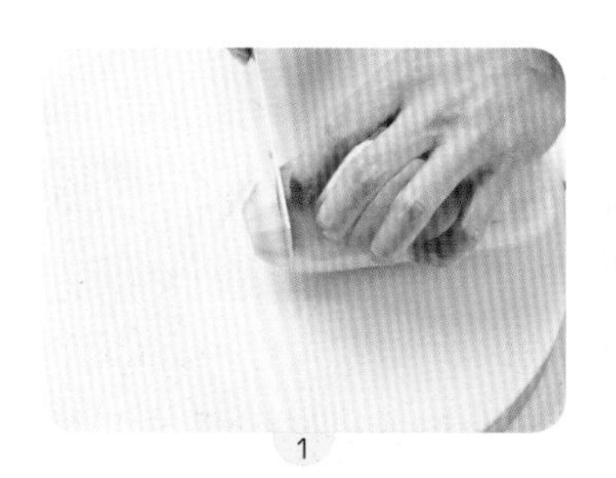

1

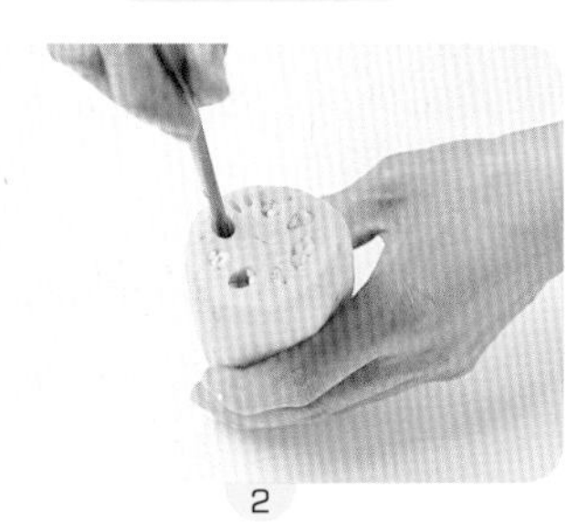

2

3

4

1. 莲藕刷洗干净，在一节藕的一头切下约 3 厘米长的小块（留着当盖子用）。糯米淘洗干净，稍微浸泡后沥干水。
2. 将糯米塞进莲藕孔中，用筷子压紧，边填边轻敲至紧实。把切下的藕块盖上，插上牙签使其牢固。
3. 将藕放进锅内，加水没过藕，大火煮滚，再转小火煮约 2 小时。
4. 加入冰糖，小火煮 1 小时，常翻动莲藕以免粘锅（此时若甜度不够可再加糖或麦芽糖）。煮至汤汁浓稠后关火。切成小片，撒彩椒碎即可。

难度：★☆☆

# 鱼香茭白

### 原料

茭白 …………………… 500克

### 调料

泡辣椒末 ……………… 20克
葱花、姜末、蒜末 …… 共15克
盐 …………………… 2/5小勺
酱油、醋 …………… 各1小勺
白糖 ………………… 2小勺
香油 ………………… 1/2小勺
鸡汤 ………………… 100毫升
水淀粉 ……………… 1大勺
花生油 ……………… 1000毫升
香菜 ………………… 少许

### 制作方法

1

2

3

1. 茭白剥壳削皮切块。锅烧热，倒入花生油，放入茭白块炸至断生，捞出沥油。
2. 锅内留少量油，放入泡辣椒末、姜末、蒜末煸香。
3. 锅中加盐、酱油、白糖、醋、鸡汤烧沸，放入茭白块，撒入葱花。
4. 用水淀粉勾芡，淋上香油，装盘，放香菜即可。

4

难度：★☆☆

# 西芹百合

**原料** 水发百合 150 克，西芹段 100 克，圣女果片 50 克

**调料** 盐 1 小勺，鲜汤 100 毫升，水淀粉适量，花生油适量

**制作方法**

1. 将西芹、百合、圣女果放入沸水锅中焯烫至断生，捞出沥干水。炒锅放油烧热，放入三种原料略炒。
2. 加入鲜汤烧开，再加入盐。用水淀粉勾玻璃芡，翻炒均匀即成。

1

2

难度：★☆☆

# 五彩百合

**原料** 鲜百合 150 克，西芹 50 克，胡萝卜 30 克，油炸花生仁 20 克，黑木耳 10 克

**调料** 盐 1/2 小勺，香油适量

**制作方法**

1. 将百合扒开洗净。西芹、胡萝卜、黑木耳均切丁，备用。
2. 锅置火上，入水烧沸，下入百合、西芹、胡萝卜、黑木耳焯水过凉，备用。
3. 将百合、西芹、胡萝卜、黑木耳倒入盛器内，调入盐、香油拌匀，装入盘内，撒上花生仁即成。

难度：★☆☆

# 鲜笋炒面筋

## 原料

鲜笋 ······················ 200 克
面筋 ······················ 150 克
胡萝卜片 ······················ 少许

## 调料

盐 ······················ 5 克
蚝油 ······················ 1 小勺
酱油 ······················ 1 小勺
姜片 ······················ 适量
蒜 ······················ 适量
花生油 ······················ 适量

## 制作方法

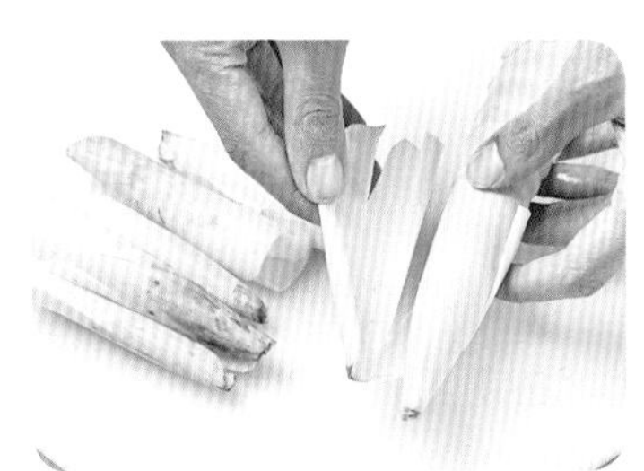
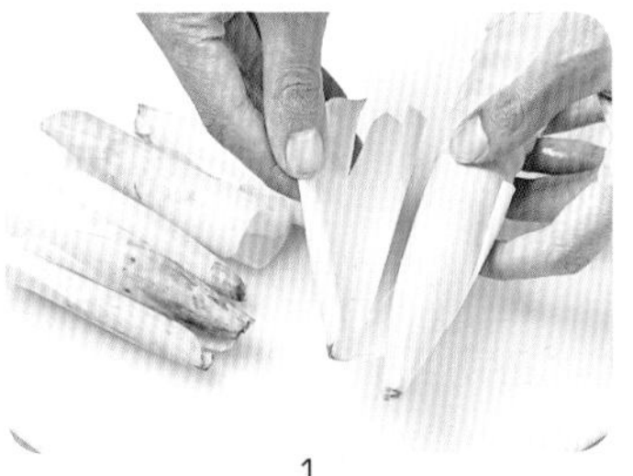

1

2

3

4

1. 鲜笋去皮，切片，入沸水中汆透。
2. 面筋用手撕成圆轮状，入油锅中炸好，捞出沥油，备用。
3. 锅中下油烧热，煸香姜、蒜，再将鲜笋下入锅中，快炒 2 分钟。
4. 放入炸好的面筋，加少许水，煮 3 分钟后调入盐、蚝油、酱油翻匀，大火收汁即可。

# 蛋皮酸菜土豆泥

## 原料

| | |
|---|---|
| 酸白菜 | 半棵 |
| 四川酸菜 | 半棵 |
| 土豆 | 2个 |
| 鸡蛋 | 4个 |
| 香菜 | 4根 |

## 调料

| | |
|---|---|
| 葱末 | 适量 |
| 姜末 | 适量 |
| 花生油 | 适量 |

## 制作方法

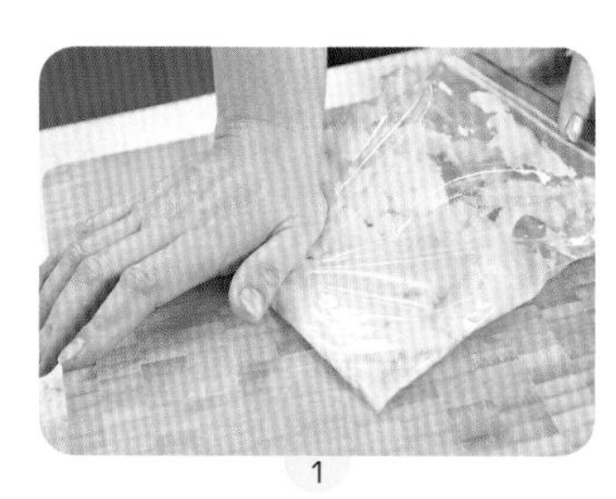
1

2

3

1. 酸白菜、四川酸菜挤干切碎。土豆蒸熟后放入密封袋中碾成土豆泥。
2. 锅热后放花生油、葱末、姜末煸香，再放入两种酸菜煸炒均匀，加入土豆泥用力翻炒均匀。
3. 摊好的鸡蛋平铺于菜板上，加入酸菜豆泥。将蛋皮四周兜起。
4. 用香菜梗将收起来的蛋皮系紧即可，依次做好即成。

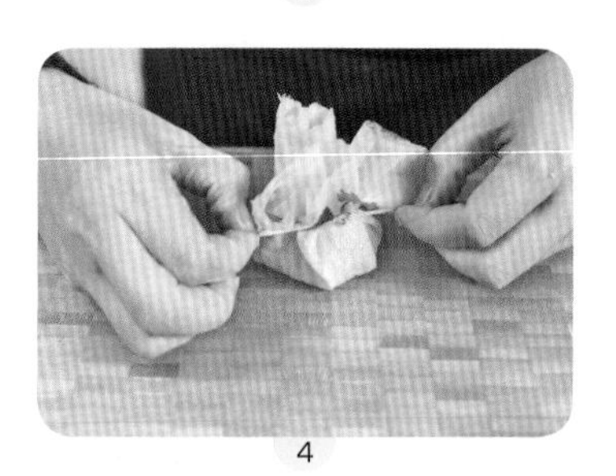
4

难度：★★☆

# 鲜奶豆泥

## 原料

土豆 ……………………… 2个
草莓 ……………………… 3个
奶酪 ………………………20克

## 调料

草莓味炼乳 …………… 10克
甜奶油 ……………………50克
黄油 ……………………… 10克
黑胡椒碎 ………………… 2克

## 制作方法

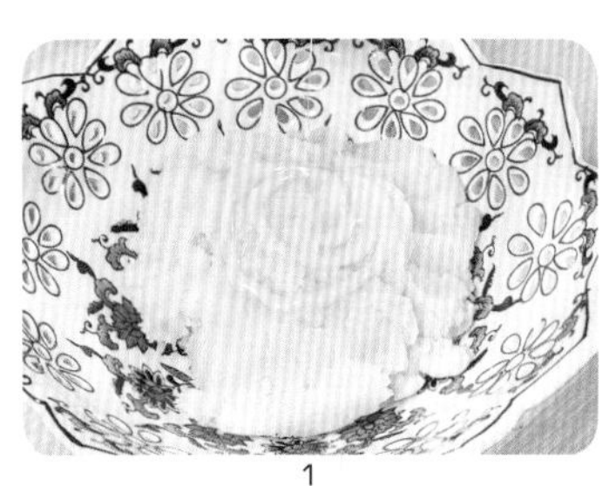
1

2

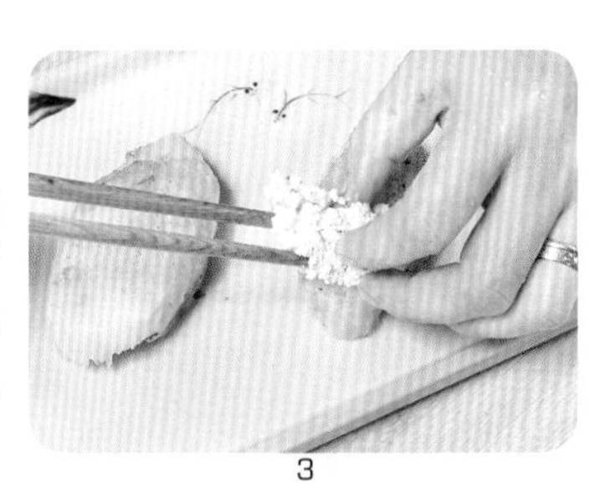
3

4

1. 草莓切成粒。土豆去皮对切后，放入蒸锅蒸20分钟，待用筷子轻扎能变软为好。凉至稍凉后，装入保鲜袋中捣成土豆泥。在土豆泥中挤入草莓味炼乳，继续搅匀土豆泥至细滑柔软。
2. 平底锅内放入黄油使其化开。将土豆泥做成自己喜欢的形状，放入锅中煎至两面金黄后取出。
3. 分别取适量奶酪放在煎好后的土豆泥前段。奶锅中倒入甜奶油，稍加热后放入黑胡椒碎调匀。
4. 最后将奶油均匀地浇至土豆泥尾端，加草莓粒装饰即可。

难度：★★☆

# 炒蟹粉

**原料**

熟土豆泥 ……………… 250克
熟胡萝卜泥……………… 100克
熟香菇 ……………………25克
熟冬笋肉 …………………25克
鸡蛋 ………………………… 2个

**调料**

盐 ………………………… 3/5小勺
料酒、白糖 …………… 各1小勺
醋 …………………………… 1小勺
胡椒粉 ……………… 1/5小勺
姜末 ………………………… 5克
花生油 ………………… 2大勺

**制作方法**

1. 将熟土豆泥和熟胡萝卜泥混合在一起，装入碗中。
2. 熟冬笋肉与熟香菇均切成细末。鸡蛋打入碗内，加部分姜末搅匀。
3. 炒锅烧热，倒入1大勺花生油，放入混合好的泥，用手勺不停翻炒至松散。
4. 把泥盛出，锅内加入余下的油烧至六成热。倒入加了姜末的蛋浆炒碎。
5. 再倒入炒好的泥,拌炒均匀。随即加入盐、白糖、料酒、姜末、香菇末、冬笋末，翻炒均匀。
6. 炒至汁浓入味后倒入醋，撒上胡椒粉，装盘即可。

难度：★☆☆

# 椰香菜花

## 原料

| | |
|---|---|
| 菜花 | 500克 |
| 香肠 | 150克 |
| 草菇 | 100克 |

## 调料

| | |
|---|---|
| 牛奶 | 100毫升 |
| 椰浆 | 100毫升 |
| 花生油 | 适量 |
| 盐 | 适量 |
| 水淀粉 | 适量 |

## 制作方法

1

2

3

1. 草菇洗净，香肠切滚刀块。菜花洗净，掰成小朵。菜花放入滚水中烫熟，捞出冲凉备用。
2. 炒锅入油烧热，加入菜花、香肠、草菇略炒。
3. 炒锅中倒入牛奶、椰浆，调入盐煮开。
4. 用水淀粉勾芡即成。

4

# 拔丝地瓜

## 原料

地瓜 ························ 300克

## 调料

细白砂糖 ···················· 80克

花生油 ···················· 300毫升

## 制作方法

1

2

3

4

1. 地瓜下入五成热油中炸约3分钟至熟，捞起沥净油。
2. 炒锅内倒入细白砂糖和30毫升清水，用小火加热至化开。用大火烧至水快要烧干，泡泡变大。
3. 改小火烧约2分钟，直到糖浆转为黄色。
4. 立即下入炸好的地瓜块，快速翻炒至均匀裹上糖浆即可。

**下厨心语**

1. 地瓜不要炸制过久，不然颜色会变黑，而且会变得过软，加入糖浆后就会粘在一起。将地瓜炸至表面金黄，用筷子能插透但感觉稍硬即可。炒糖时最好用筷子搅拌均匀，用锅铲的话，会粘得锅铲上满是糖浆。

# 蜜糖紫薯百合

### 原料

紫薯 ………………………… 2个
鲜百合 ……………………… 1袋

### 调料

桂花蜜 …………………… 4小勺
干桂花 …………………… 10克
冰糖 ………………………… 适量

### 制作方法

1

2

3

1. 紫薯去皮，切宽条后入冷水中，加热煮约10分钟至变软即可。煮好的紫薯迅速放入冷水中冷却，不要使其变软。
2. 鲜百合焯烫1分钟，变雪白捞出。
3. 桂花蜜加入干桂花及冰糖熬煮至糖汁黏稠。
4. 将紫薯条层叠摆放成井字形，放入百合，浇入桂花糖浆即可。

4

难度：★☆☆

# 韭菜烧豆腐

## 原料

北豆腐 ………………… 400克
韭菜 …………………… 100克

## 调料

大蒜 ……………………… 3瓣
生抽 ………………… 1/2大勺
盐 …………………… 1/4小勺
白胡椒粉 …………… 1/8小勺
花生油 ………………… 适量

## 制作方法

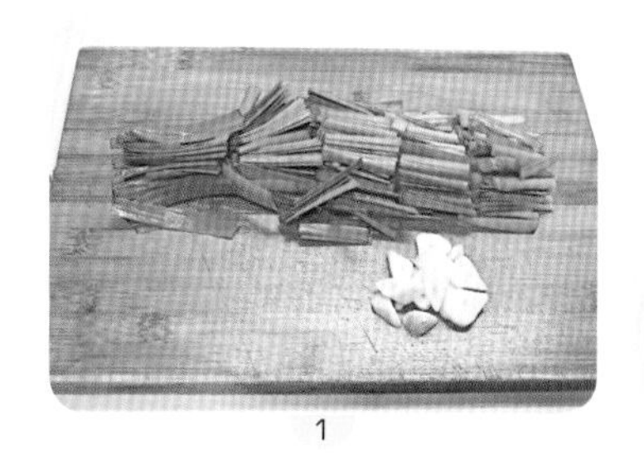
1

2

3

4

1. 韭菜洗净，切段。蒜切成厚片。北豆腐切成1厘米厚的长条。

❗韭菜比较容易发生虫害，所以农药会用得比较多，清洗的时候要多浸泡一会儿。韭菜下端2厘米长的部分比较硬，最好切下丢弃。

2. 平底锅烧热，加入油放入豆腐条，中小火煎至两面呈金黄色，煎制的中间放入蒜片。

❗蒜片要在煎豆腐的过程中放入，过早放入容易烧糊。

3. 生抽、盐、白胡椒粉放碗内调匀，倒入锅内。
4. 加入韭菜段，大火快速翻炒至韭菜变软即可。

难度：★☆☆

# 烧汁豆腐盒

## 原料

猪肉馅 ………………… 100克
卤水豆腐 ……………… 500克

## 调料

酱油、番茄沙司……… 各4小勺
香油、蚝油…………… 各1小勺
姜末 …………………… 少许
淀粉 …………………… 20克
白糖 …………………… 1/2小勺
盐、花生油 …………… 各适量

## 制作方法

1

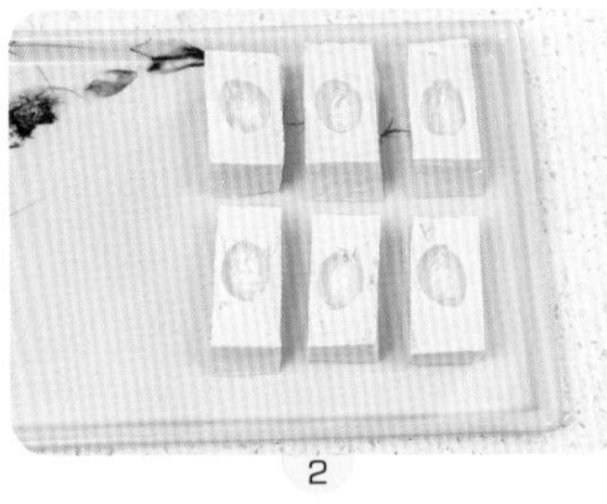
2

3

4

1. 猪肉馅里加入香油、酱油、部分姜末和适量盐搅拌均匀。
2. 卤水豆腐切成长方形的块。用小勺在长方形豆腐块上方表面挖出球形，将豆腐块逐个挖好。在豆腐中间加满馅料，四周蘸一薄层淀粉。
3. 平底锅烧热后加入油，油温达到七成热时加入豆腐煎制。
4. 另起锅加入少许油，用姜末炝锅后添加番茄沙司、蚝油、清水、白糖熬至汤汁浓稠后淋在炸好的豆腐块上即可。

难度：★★☆

# 脆皮豆腐

**原料**

北豆腐 …………………… 400克

**调料**

●炸粉调料

细红薯粉 ……………… 50克

玉米淀粉 ……………… 50克

吉士粉 ………………… 15克

●其他调料

花生油 …………………… 适量

香菜 ……………………… 1棵

**制作方法**

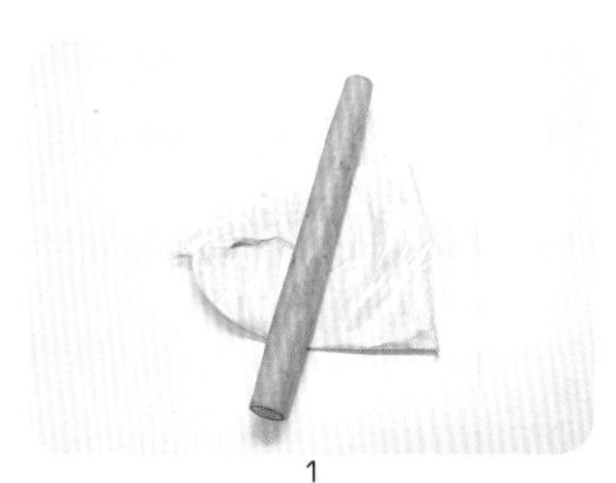

1

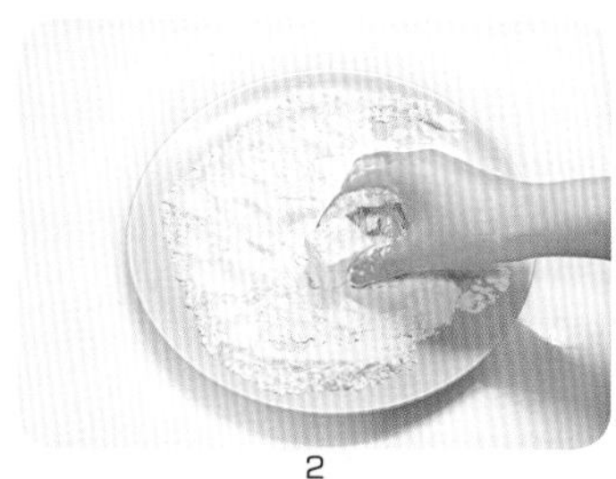

2

3

4

1. 将红薯粉、玉米淀粉、吉士粉装在食品袋中，用擀面棍压实，再抖动至充分混匀。豆腐切方块。蘸水调料调匀至白砂糖化开。
2. 取混合粉倒在大盘上，将豆腐四面拍粉，放入平底锅内。
3. 锅中放油烧热，中小火煎至豆腐底部变微黄色，翻面再煎。
4. 煎好的豆腐放在沥油篮上沥油，装盘，放香菜作装饰，趁热配蘸水调料食用。

**下厨心语**

蘸水调料的制作：生抽、白砂糖、陈醋、热开水各1大勺，芝麻油、香茄酱各1/2大勺，蒜蓉、生菜碎各1小勺，小红椒圈少许，将上述材料放入小碗中混合均匀即可。

# 客家酿豆腐

## 原料

| | |
|---|---|
| 嫩豆腐 | 1块 |
| 里脊肉 | 100克 |

## 调料

| | |
|---|---|
| 小香葱 | 1根 |
| 姜 | 1片 |
| 生抽 | 1大勺 |
| 牛肉粉 | 适量 |

## 制作方法

1

2

3

1. 豆腐对角切开成四块三角形，里脊肉切碎，姜、小香葱切末。将肉馅中放入适量牛肉粉。加入一大勺生抽。

酿豆腐也可以选用北豆腐，口感较老韧。

2. 放入葱末、姜末。顺着一个方向将肉馅搅拌均匀，备用。
3. 用筷子等工具在嫩豆腐中心位置掏出一个小孔。将调好的肉馅酿入小孔中。

肉馅不要酿得过满，否则蒸制过程中会影响豆腐的成型美观。

4. 蒸锅上汽后放入酿好的豆腐，蒸8分钟即可。

4

# 白果酱鲜菇

## 原料

| | |
|---|---|
| 干香菇 | 11 朵 |
| 鲜白果 | 50 克 |

## 调料

| | |
|---|---|
| 姜末 | 10 克 |
| 蒜末 | 10 克 |
| 蚝油 | 3 大勺 |
| 白糖 | 3 大勺 |
| 酱油 | 2 小勺 |
| 花生油 | 3 大勺 |

## 制作方法

1

2

3

4

1. 干香菇用温水泡发后切十字花。
2. 鲜白果煮 8 ~ 10 分钟后捞出备用。
3. 将香菇两面煎至略带金黄色后铲出。
4. 炒锅入油烧热，放入其他调料后加水烧开，汤浓后放香菇翻炒，出锅后凉凉，和白果同装盘。

难度：★☆☆

# 麦香什锦炒牛奶

## 原料

鸡蛋（取蛋清） ………… 2个
鲜牛奶 ……………… 100毫升
燕麦片 ……………………… 少许
火腿 ………………………… 1块
胡萝卜 ……………………… 1根
豌豆 ……………………… 50克

## 调料

淀粉、细砂糖 ……… 各1小勺
盐 ……………………… 1/2小勺
花生油 ……………………… 适量

## 制作方法

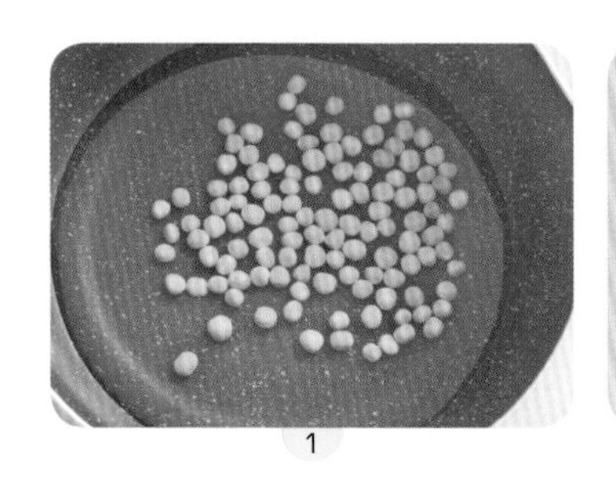
1

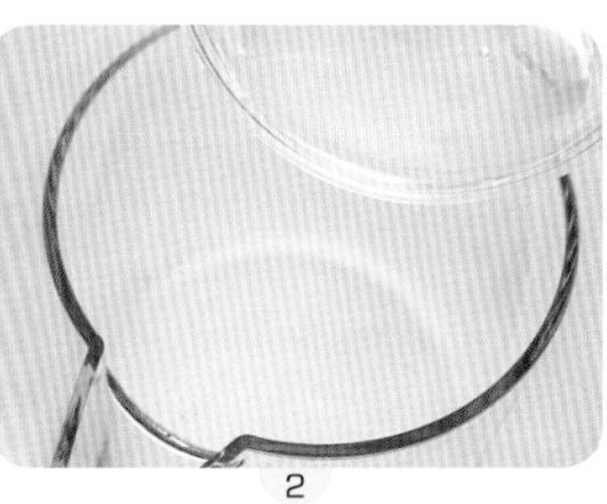
2

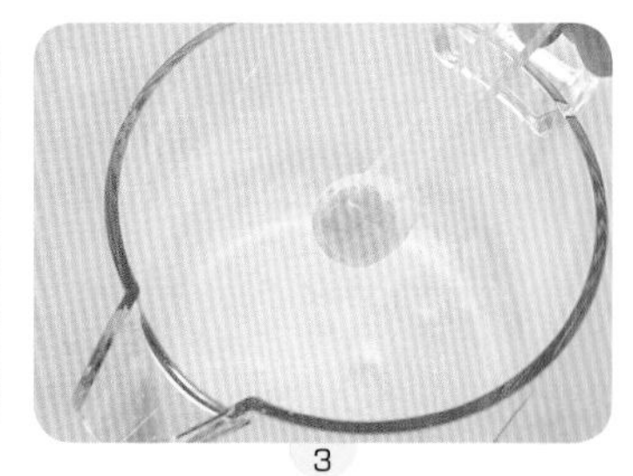
3

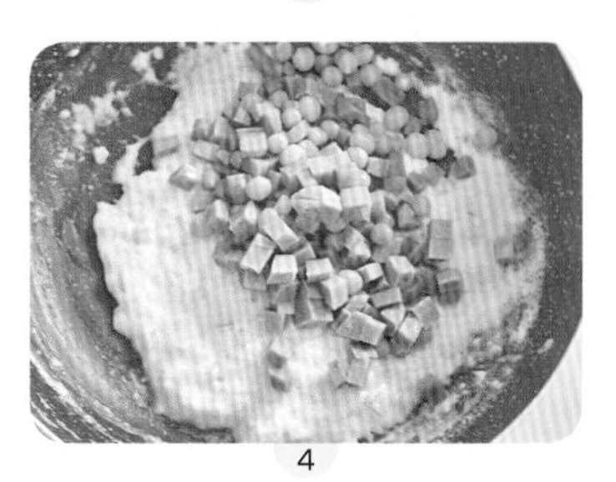
4

1. 锅中烧水，水开后放入豌豆焯烫3分钟，捞出沥干水。
2. 将牛奶倒入搅拌器内，再倒入蛋清液。燕麦片用清水浸泡。
3. 加入泡软的燕麦片，充分搅打均匀，备用。打匀的液体中调入淀粉、细砂糖和盐。
4. 锅中加少许油，烧至四成热，倒入奶液，以中小火慢慢翻炒，直至奶液凝固成糊状。火腿、胡萝卜分别切成小丁。加入火腿丁、胡萝卜丁和豌豆，一同翻炒至奶液凝固即可。

难度：★☆☆

# 松仁玉米

## 原料

甜玉米粒 ………………… 300克
松子 ……………………… 30克
青椒 ……………………… 1/5个
红椒 ……………………… 1/5个

## 调料

黄油 ……………………… 15克
白砂糖 …………………… 2小勺
盐 ………………………… 1/2小勺

## 制作方法

1

2

3

4

1. 青椒、红椒切成3毫米大小的颗粒，松子去壳去皮。炒锅内放入松子，开小火将松子焙炒出香味，盛出备用。
2. 炒锅烧热，放入黄油，用小火炒化。
3. 加入青椒粒、红椒粒，小火炒至断生。加入甜玉米粒、盐、白砂糖，用中火翻炒约3分钟。

用黄油炒玉米粒可以给菜肴增加奶香味，在炒的时候要用小火炒，不然很容易焦化。

4. 最后加入松子仁，翻炒均匀即可出锅。

难度：★☆☆

# 鲜果云吞盒

## 原料

| | |
|---|---|
| 云吞皮 | 20张 |
| 猕猴桃 | 1个 |
| 紫心火龙果 | 半个 |
| 黄桃 | 1个 |

## 调料

| | |
|---|---|
| 花生油 | 适量 |
| 奶香沙拉酱 | 2小勺 |

## 制作方法

1

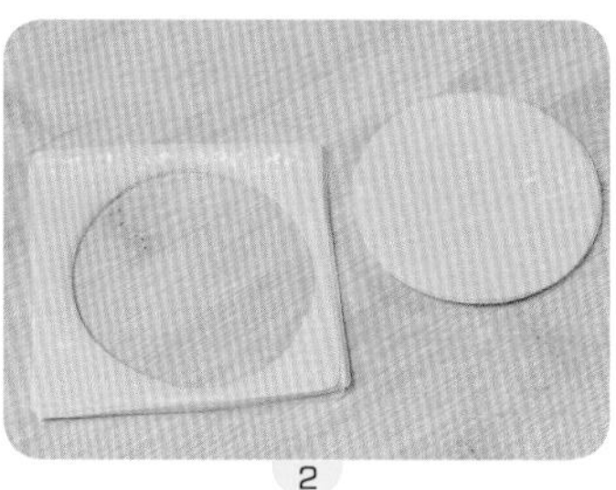

2

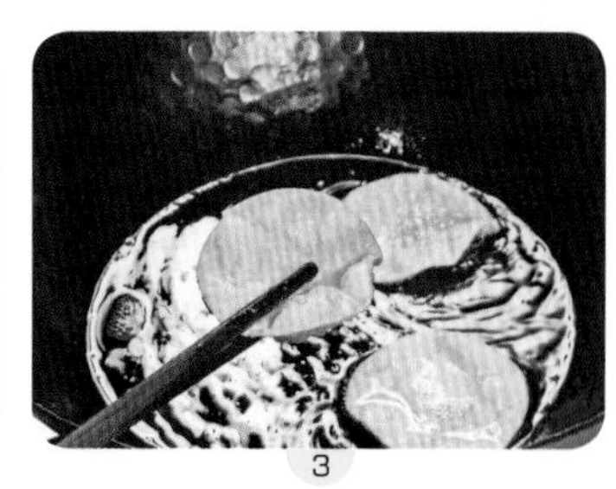

3

1. 将五张云吞皮叠放在一起，用圆形饼干模具压出形状。
2. 模具压出的形状非常圆，能使做出的成品更美观。
3. 锅热后加入花生油，油热后放入压好的云吞皮，用筷子抵住圆心，使其中间呈现出凹窝，并炸至金黄色，取出凉凉备用。
4. 猕猴桃、紫心火龙果、黄桃均切成小粒备用。炸好的云吞皮内先挤入奶香沙拉酱，再放上切好的水果粒即可。

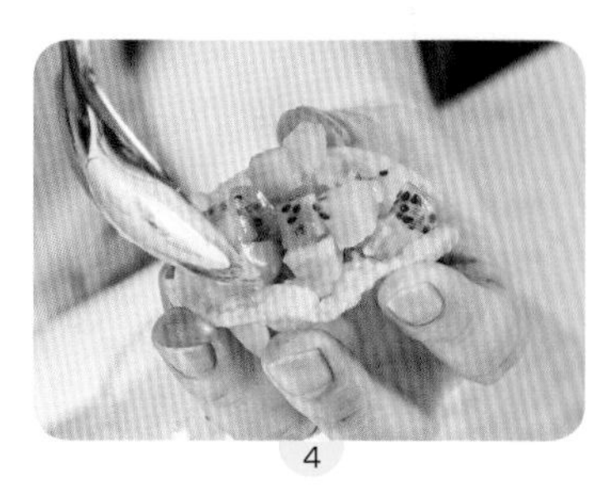

4

难度：★☆☆

# 芫爆肉丝

**原料**

猪肉 ······················ 100克
香菜（切段） ·············· 50克

**调料**

盐、香油、胡椒粉 ··· 各1/2小勺
香葱（切段） ·············· 10克
红米椒（切碎） ·············· 1个
姜（切丝） ···················· 两片
淀粉 ························· 少许
花生油 ······················· 适量

**制作方法**

1

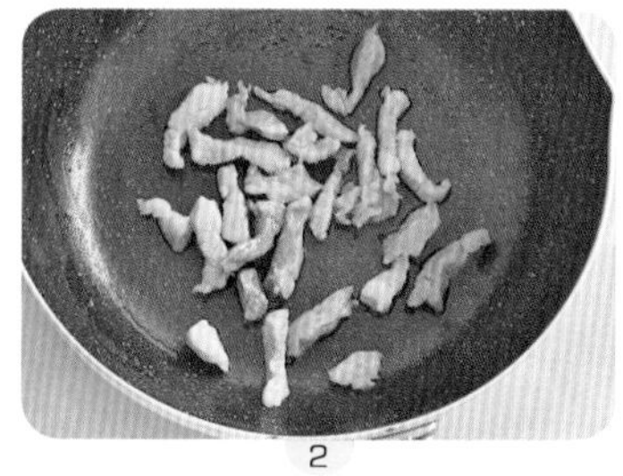

2

3

4

1. 猪肉切丝，加入少许淀粉和1/4小勺盐腌制。将剩余的盐、胡椒粉和香油拌匀，调成料汁。
2. 油烧至三成热时，放入肉丝快速滑散，待肉丝变色之后沥油捞出。
3. 另起锅加少许底油，烧热后放入香葱、姜丝爆香。
4. 放入肉丝和香菜段迅速炒匀。倒入调好的料汁，快速炒匀后取出装盘，放上红米椒装饰即可。

# 土豆花肉烧豆角

## 原料

长土豆 …………………… 1个
四季豆、五花肉块 … 各200克

## 调料

葱 ……………………… 1棵
干辣椒、八角………… 各2个
花椒 …………………… 25粒
草果 …………………… 1个
料酒…………………… 1大勺
生抽 …………………… 2大勺
盐……………………… 1小勺
花生油、蒜片………… 各适量

## 制作方法

1

2

3

4

1. 花椒、八角、草果制成料包。干辣椒和葱切段。四季豆掰成段。土豆切块。锅中入油，烧热后放入切好的土豆块，小火煎至微微泛黄。
2. 另起锅，油烧热后放入蒜片和干辣椒段。小火煸香后，放入五花肉。
3. 倒入四季豆和煎好的土豆。放入盐，加入料酒和生抽，炒匀后放入料包和葱段。
4. 加入清水至2/3处，大火烧开后，转小火，加锅盖烧20分钟即可。

难度：★★★

# 狮子头

## 原料

去皮五花肉 ……………… 150克
马蹄粒、香菇粒…………各10克
青菜 ……………………30克
洋葱丝 …………………… 少许

## 调料

盐、白糖、香油 ……… 各1小勺
老抽王 ………………… 1大勺
淀粉 …………………… 2大勺
鸡汤 ………………… 150毫升
姜末 …………………… 少许
花生油 ………………… 适量

## 制作方法

1

2

3

4

1. 肉剁泥加入少许盐、少许淀粉、马蹄粒、香菇粒，用筷子用力打至起胶，做成四个大丸子。
2. 青菜烫熟后摆碟。锅中下油，将油温烧至130℃。将肉丸子炸至金黄熟透，捞起待用。
3. 锅内留油，下入姜末，加入鸡汤，放入大肉丸子，用中火焖。
4. 放剩余盐、白糖、老抽王，小火烧至汁浓，用剩余淀粉加水勾芡，淋香油，装入用青菜垫底的盘中，用洋葱丝装饰即成。

难度：★★☆

# 陕西笼笼肉

**原料**

猪五花肉 ………………… 350克
长糯米 …………………… 150克

**调料**

A:
八角 ………………………… 2个
小茴香 …………………… 20粒
香叶 ………………………… 3片
桂皮 ………………………… 1块

B:
姜末、红油豆瓣酱 …… 各2小勺
老抽、白砂糖 ………… 各1小勺
料酒 ………………………… 1大勺
五香粉、白胡椒粉 …… 各1/4小勺
老干妈豆豉酱 …………… 2小勺

C:
辣椒红油、芝麻香油 … 各1/2大勺
自制花椒油 …………… 1/2大勺
盐 ………………………… 1/4小勺

**制作方法**

1. 长糯米提前用清水浸泡一晚。调料A放入锅中，加入125毫升清水大火煮开。转小火慢煮至汤色变为褐色、香味逸出时，用网筛过滤残渣，留下2大勺香料水，备用。
2. 猪五花肉去皮，切成薄而大的肉片。将切好的肉片放入碗内，放入调料B中的所有调料拌匀。最后加入辣椒红油、芝麻香油及花椒油拌匀。
3. 泡软的糯米加1/4小勺盐拌匀。糯米用擀面杖略碾碎。
4. 将糯米碎拌入腌好的肉片中。再加入事先制好的香料水，拌匀。

加香料水和各种油类，可让糯米蒸熟后更软糯、油润。

5. 取锡纸封住碗口，在锡纸上用牙签扎些孔，并在边沿留一条缝。

在肉碗上封锡纸，是为了阻止水蒸气进入碗中，但一定要在锡纸上留孔，否则会有安全隐患。

6. 电压力锅内胆中倒入一杯水，放上蒸架，盛肉片的碗放于蒸架上。按下“排骨”键，蒸约30分钟即可（若用普通蒸锅，要蒸60分钟）。

难度：★★☆

# 抓炒里脊

**原料**

猪里脊肉 …………………… 300克

**调料**

盐 …………………… 1/2小勺
料酒 …………………… 1大勺
玉米淀粉 …………………… 60克
陈醋 …………………… 4大勺
白砂糖 …………………… 3大勺
姜碎、葱白碎 …………………… 各1小勺
花生油 …………………… 适量

● 浆料

清水 …………………… 4小勺
花生油 …………………… 2小勺
盐 …………………… 1/8小勺

● 腌料

盐 …………………… 1/2小勺
料酒 …………………… 1大勺

**制作方法**

1

2

3

4

1. 将猪里脊肉片成0.8厘米厚的片，正反两面打上十字花刀，切成粗条状。将猪肉条加腌料拌匀，腌制10分钟。
2. 将所有浆料放入小碗中调匀，成脆浆粉。将猪肉条放入脆浆粉中，用手抓至均匀裹上粉浆。另取一碗，放入除花生油外的所有调料，加2大勺清水拌匀制成味汁。
3. 锅内倒入花生油，烧至六成热时逐条放入猪肉条，用中火炸制。炸至猪肉条变成金黄色、表皮酥脆时，转大火再炸2秒钟，捞出猪肉条，沥净油。
4. 另起一炒锅，倒入味汁，用中火烧开，烧至白砂糖化开。待炒锅内冒出密集的小泡时倒入炸好的猪肉条，迅速翻炒至猪肉条均匀地裹上酱汁即可。

难度：★★☆

# 锅包肉

### 原料

猪里脊肉 ………………… 400 克

### 调料

白糖 ……………………… 150 克
醋……………………… 100 毫升
番茄酱 …………………… 50 克
葱丝 ……………………… 5 克
姜丝 ……………………… 4 克
香菜段 …………………… 5 克
花生油 …………………… 适量
水淀粉 …………………… 适量

### 制作方法

1

2

3

4

1. 将里脊肉切成长约 6 厘米、厚约 2 厘米的片，用水淀粉挂糊上浆，备用。
2. 锅内放油，烧至六成熟，投入里脊肉，炸透后捞出。待油温升至八成热时复炸一次，捞出，沥油。
3. 锅底留油，下入葱丝、姜丝炒香，放入白糖、醋、番茄酱烧开。
4. 放入里脊肉，快速翻炒几下，烹入芡汁，翻拌匀，起锅盛盘，撒上香菜即可。

难度：★★☆

# 山西过油肉

## 原料

猪里脊 ………………… 150 克
木耳 ………………… 50 克
蒜薹段 ………………… 100 克

## 调料

红尖椒 ………………… 1 个
蒜片 ………………… 少许
陈醋 ………………… 3 小勺
白糖 ………………… 1 小勺
酱油 ………………… 1/2 小勺
盐、湿淀粉、花生油 …… 各适量

## 制作方法

1

2

3

1. 猪里脊切成薄片后，加入盐和湿淀粉，将肉片抓匀。炒锅烧热后加入适量油，油热后放入蒜薹段和切成条的尖椒煸炒至断生。
2. 陈醋内加入白糖、酱油，搅拌成料汁。
3. 锅内加油烧热，放入蒜片煸香。肉片放入锅中，翻炒变色后铲出备用。
4. 二次炝锅后将肉片放入锅中，依次加入木耳、蒜薹段，烹入料汁，翻炒均匀后用盐调味即可。

4

难度：★☆☆

# 芝香猪排

## 原料

猪里脊 …………………… 500克
白芝麻 …………………… 200克
鸡蛋 ………………………… 1个

## 调料

白胡椒粉 …………… 1/2小勺
盐 ………………………………… 少许
花生油 ………………………… 适量
桂花酱 ………………………… 适量

## 制作方法

1

2

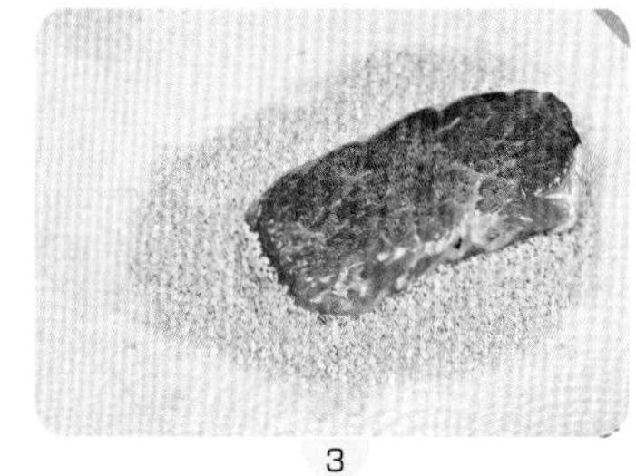
3

4

1. 猪里脊反复用刀背轻敲2～3遍，使肉质变松散。

猪排要反复轻敲2～3遍的原因是使其肉质变得松散，易于成熟，口感鲜嫩。

2. 里脊肉里加入少量盐，放入白胡椒粉。
3. 放入鸡蛋，与之前放的调料一起抓匀，腌渍半小时。腌渍好的里脊肉均匀地蘸满白芝麻，待用。

鸡蛋的加入使口感变得鲜嫩多汁且芝麻不易脱落。

4. 平底锅烧热后加入适量花生油，将猪排放入煎制成熟，食用时佐以桂花酱。

# 吉列猪扒

**原料**

猪里脊肉 ……………… 300克
面粉 ………………… 30克
鸡蛋 ……………………… 1个
面包糠 ………………… 60克

**调料**

盐 ……………………… 3/4小勺
黑胡椒粉 …………… 1/4小勺
白兰地酒（或料酒）…… 1大勺
玉米淀粉 ……………… 2小勺
花生油 …………………… 适量

**制作方法**

1 2 3 4 5 6

1. 将猪里脊肉切成两指厚的肉片，切去肉片侧面的筋膜，用肉锤或刀背敲薄。鸡蛋打成鸡蛋液。
2. 用盐、黑胡椒粉、白兰地酒、玉米淀粉抹匀，加2小勺鸡蛋液抓匀，腌制10分钟。
3. 把腌好的肉片两面拍上面粉，再裹上鸡蛋液。最后滚上面包糠，用手轻轻拍匀拍牢。
4. 锅内放油，中火烧至170℃，放入肉片炸1分钟，再翻面炸1分钟。
5. 转大火将油温升高，放入猪排，用大火炸1分钟。
6. 炸好的猪排放在沥油网上沥净油，趁热切件即可。

难度：★★☆

# 焦糖果圈猪颈肉

## 原料

苹果 ………………………… 1个
猪颈肉 ………………… 250克

## 调料

柠檬 ………………………… 半个
白糖 ……………………… 2小勺
花生油 ………………… 2小勺
黑胡椒粒 ……………… 1/2小勺
熟核桃仁 ……………… 2颗
盐 ……………………………… 适量

## 制作方法

1

2

3

1. 苹果取出中间的核，将取出果核后的苹果切成圈。挤出少许柠檬汁。

水果也可更换成梨或菠萝。

2. 平底锅内加少许油，放入猪颈肉片煎至两面带有焦黄色，撒入黑胡椒粒和盐。
3. 煎好的猪颈肉出锅后改刀成条。
4. 锅内放少许油后加入白糖、苹果圈，不断翻炒至糖化开。待果圈变成焦黄色后，取出垫于盘底，加入猪颈肉条和熟核桃仁即可。

4

核桃仁可更换成其他干果。水果也可更换成梨或菠萝。

难度：★★☆

# 黑白珍珠丸子

## 原料

猪肉馅 ………………… 260 克
笋 ……………………… 50 克
糯米 …………………… 80 克
血糯米 ………………… 40 克

## 调料

盐 …………………… 1/2 小勺
胡椒粉、五香粉 ……… 各适量
料酒、香油、淀粉 …… 各 1 小勺
蚝油、葱姜水 ……… 各 1 小勺

## 制作方法

1

2

3

1. 将糯米和血糯米提前洗净，浸泡一夜。准备好猪肉馅。

糯米和血糯米必须要泡透才行，建议最好选用长粒糯米。血糯米的黏性比糯米差，但是营养丰富，点缀白色的丸子很有意趣。

2. 将猪肉馅中加入盐、胡椒粉、五香粉、料酒、蚝油、香油、葱姜水和淀粉，搅拌均匀，腌渍入味。将切碎的笋丁放入肉馅中搅拌均匀。

调肉馅时尽量不要用酱油，因为酱油会使肉馅着色深，进而影响珍珠丸子的美观。

3. 将糯米、血糯米沥干水。将肉馅团成大小均匀的肉圆。
4. 分别裹上糯米、血糯米和混合后的糯米，制成三色丸子。放入蒸锅中，开锅后旺火蒸约 15 分钟即可。

4

难度：★★☆

# 可乐排骨

**原料** 猪小排 750 克

**调料** 葱段、姜片、可乐、盐、老抽、水淀粉各适量

**制作方法**

1

2

1. 猪小排洗净，剁成小段，放入开水锅中汆水，捞出沥干水。
2. 锅内倒入可乐，加入老抽、葱段、姜片和盐。再放入排骨，用旺火煮沸。改用小火焖至排骨熟烂。待汤汁收浓后，用水淀粉勾芡，出锅即成。

难度：★★★

# 胡萝卜玉米炒猪肝

**原料** 熟猪肝片 100 克，熟玉米粒 100 克，胡萝卜片适量

**调料** 盐 1 小勺，糖 1/2 小勺，花生油适量，香葱碎适量

**制作方法**

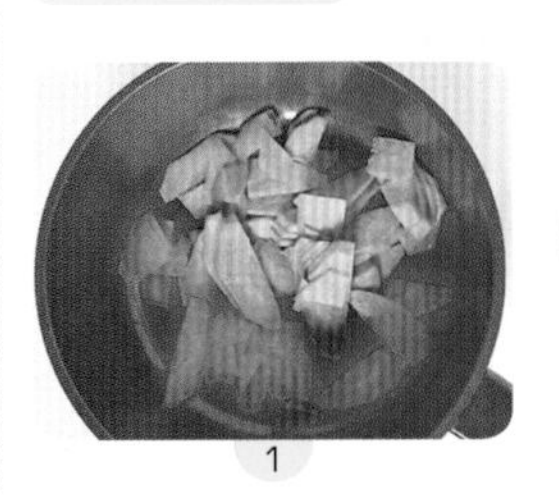
1

2

1. 锅中加入 2 小勺油，烧热后放入胡萝卜片煸炒。

胡萝卜尽量切薄片，比较易熟。

2. 胡萝卜片炒软之后放入猪肝片，翻炒均匀。加入玉米粒、盐和糖，炒匀，撒香葱碎即可。

难度：★★☆

# 老爆三

## 原料

猪腰 ………………………… 1个
猪肝 ……………………… 150克
猪肉 ……………………… 100克

## 调料

面酱、酱油 ………… 各1小勺
白糖 ……………………… 1小勺
盐、蒜末 ……………… 各少许
淀粉 ……………………… 2小勺
葱末、姜末 …………… 各少许
柠檬 ………………………… 2片
花生油 …………………… 适量

## 制作方法

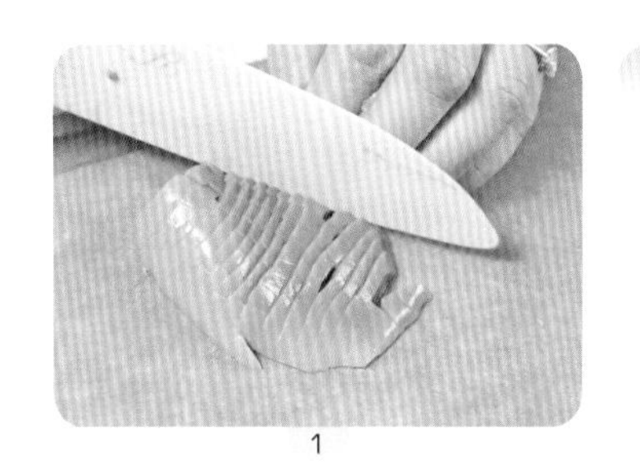
1

2

3

1. 猪腰片开两半。将中间的白色腺体剔除。翻面切十字花刀。
2. 猪肝、猪肉切成1厘米左右厚的片。切好的猪肝、肉片分别加入淀粉及少许盐，抓匀，并用热油分别滑炒，铲出备用。
3. 锅中水烧开，放入两片柠檬，将猪腰汆至水再次沸腾，待猪腰缩成腰花后捞出，控干备用。炒锅烧热后放入少量油，爆香葱末、姜末、蒜末。
4. 葱末、姜末、蒜末爆香后，锅内加入面酱翻炒均匀，放入腰花、猪肝、肉片快速翻炒，同时加入酱油、白糖翻炒均匀即可。

4

# 葱爆羊肉

**原料**

羊腿肉 ………………… 300克

**调料**

陈醋 ………………… 1小勺
生抽 ………………… 1大勺
老抽 ………………… 2小勺
盐 ………………… 1/4小勺
花生油 ………………… 2大勺
大葱 ………………… 1棵
小红椒 ………………… 1个
姜 ………………… 2片
大蒜 ………………… 2瓣

**制作方法**

1

2

3

1. 羊腿肉放冰箱冻硬，切成2毫米厚的薄片。先用老抽把羊腿肉拌匀，再加入1大勺油拌匀，放置腌10分钟。
2. 大葱切斜刀片，红椒切小片，姜、大蒜切末。
3. 将锅烧热，下入1大勺油，凉油下入羊肉和姜末。
4. 加入1小勺的陈醋，大火快速翻炒约1分钟。炒至羊肉全部变色，加入大葱、生抽。继续大火爆炒约30秒，加入蒜末及红椒片。爆炒约20秒，临出锅时再加入盐翻炒均匀即可。

4

葱爆菜肴讲究的是一个大火快炒，在锅内逗留的时间不宜过长，时间长了肉质就变老，葱也容易出水。炒的时长只需要2分钟左右即可。

难度：★★☆

# 红焖羊肉

## 原料

羊肉 ……………………… 400克
芹菜 ……………………… 少许

## 调料

干辣椒 ……………………… 20克
盐、柱侯酱 ……………… 各适量
料酒、酱油 ……………… 各适量
葱段、姜片 ……………… 各适量
蒜片、花生油 …………… 各适量
八角、花椒 ……………… 各少许

## 制作方法

1

2

3

1. 芹菜洗净，切成段。羊肉洗净，切成块，放入沸水中氽去血水，捞出控干。
2. 将炒锅置火上，放入油烧至六七成热，爆香葱段、姜片、蒜片、干辣椒，随即将羊肉块倒入锅中爆炒。
3. 加料酒爆透，炒至羊肉块收缩变色。迅速下入柱侯酱、盐，用中火炒香，再下入酱油将羊肉块炒至上色。
4. 炒锅加水，用中火烧开后撇去浮沫，放入芹菜段、八角、花椒和羊肉块，加水，焖至羊肉块爽嫩即可。

4

# 啤酒牛肉锅

## 原料

牛肉、牛筋 ………… 各300克
胡萝卜 …………………… 1根
洋葱 …………………… 2/3个

## 调料

料酒 …………………… 2大勺
糖 ……………………… 1小勺
生抽 …………………… 2小勺
黑啤 …………………… 1瓶
番茄酱 ………………… 1大勺
花生油 ………………… 适量
姜、蒜 ………………… 各适量
干辣椒 ………………… 5个
香菜、葱花 …………… 各适量

## 制作方法

1

2

3

4

1. 牛肉、胡萝卜、洋葱分别切成大块，姜、蒜切片。
2. 汆烫后的牛筋洗去表面浮沫，切成大块放入高压锅内。加入料酒、1小勺生抽和干辣椒，加压15分钟。另起锅加适量油，放入姜片、蒜片炒香后，再加入牛肉翻炒。
3. 炒至牛肉变色后放入牛筋。再放入胡萝卜块，加入1小勺生抽、糖和番茄酱。
4. 最后倒入黑啤，大火煮开，转小火炖20分钟，放入洋葱块，炖至汤汁浓稠，撒上香菜和葱花即可。

难度：★★★

# 红酒烩牛尾

## 原料

牛尾 800 克，西芹段 50 克，胡萝卜厚片 50 克，酸黄瓜 2 根，香菜叶适量

## 调料

洋葱 5 个，大蒜5 瓣，干红葡萄酒 200 毫升，番茄酱 100 克，牛肉高汤 2000 毫升，香叶 2 片，芥末籽2 克，盐、白胡椒碎、白胡椒粉各适量，黄油 30 克

## 制作方法

1. 牛尾剁成段，用盐和胡椒碎腌制8分钟。
2. 深底锅中加入黄油，待黄油完全化开，放入牛尾煎烤，把表层煎成黄褐色盛出来。
3. 同一个锅，用剩下的油炒洋葱和大蒜，加入西芹和胡萝卜。牛尾回锅同炒3分钟后加入大量的红酒。再加入番茄酱，用小火不停翻炒。加入高汤、香叶和芥末籽，大火烧开，改小火焖煮约50分钟。加入酸黄瓜、盐和白胡椒粉，用香菜叶装饰即可出锅。

难度：★☆☆

# 蔬菜粉蒸牛肉

## 原料

牛腱子肉 300 克，胡萝卜、土豆各 100 克

## 调料

葱花、姜末各 10 克，盐、料酒、红辣椒段、酱油、甜面酱、米粉、香油各适量

## 制作方法

1. 牛腱子肉切丁。胡萝卜、土豆去皮，洗净，切丁。
2. 取大碗，放入牛肉丁、盐、料酒、红辣椒段、酱油、香油、姜末、甜面酱拌匀，腌制40分钟，放入胡萝卜丁、土豆丁和米粉拌匀。
3. 将大碗送入烧沸的蒸锅，中火蒸至牛肉熟烂，撒上葱花即可。

# 西芹鸡柳

## 原料

鸡胸肉 …………………… 1 块
西芹 ……………………… 2 根
胡萝卜 …………………… 1/2 根

## 调料

细砂糖、陈醋 ……… 各 1 小勺
生抽 …………………… 1 大勺
黑胡椒粉 ……………… 1/2 小勺
花生油 ………………… 适量
玉米淀粉 ……………… 1 小勺

## 制作方法

1

2

3

4

1. 鸡胸肉洗净，切成细条。西芹洗净，切成段。胡萝卜去皮，切成菱形块。切好的鸡胸肉放入碗中，加入 1 大勺生抽。加入 1 小勺陈醋。再加入 1 小勺细砂糖。根据自己的口味加入少许黑胡椒粉。
2. 最后加入 1 小勺玉米淀粉。所有材料用手抓匀，腌制半小时左右。
3. 锅烧热，放少许花生油，油热后放入腌制好的鸡胸肉。
4. 用锅铲迅速滑散，翻炒至鸡肉变色，放入西芹段和胡萝卜块，继续翻炒 1 分钟左右即可。

难度：★★☆

# 米花鸡丁

## 原料

鸡脯肉 ………………… 250克
粳米 …………………… 50克
熟青豆 ………………… 25克

## 调料

鸡蛋清 ………………… 1个
鲜牛奶 ………………… 150克
料酒 …………………… 1.5小勺
盐 ……………………… 3/5小勺
熟猪油 ………………… 适量
水淀粉 ………………… 适量

## 制作方法

1

2

3

4

1. 将粳米洗净，上笼蒸熟，晾干待用。鸡脯肉洗净，切成小丁，加盐、蛋清、水淀粉抓匀上浆。
2. 炒锅烧热，倒入熟猪油烧至四成热，放入鸡丁滑油，倒出沥油。锅内留少许底油，放入熟青豆翻炒，加入鲜牛奶、料酒和盐。
3. 用水淀粉勾芡，倒入鸡丁，淋入熟猪油，起锅装入碗内。
4. 炒制鸡丁的同时将熟猪油倒入另一个锅中，旺火烧至七八成热，放入粳米炸至松脆。用漏勺捞起炸好的粳米，装入盘中铺平，将炒好的鸡丁倒在上面即可。

难度：★★☆

# 大盘鸡

**原料**

| | |
|---|---|
| 土鸡 | 1/2只 |
| 小土豆 | 2个 |
| 青椒、红椒 | 各1个 |
| 皮带面 | 1包 |

**调料**

| | |
|---|---|
| 啤酒 | 1罐 |
| 番茄酱 | 2大勺 |
| 老抽 | 1大勺 |
| 白糖 | 1小勺 |
| 盐、姜 | 各适量 |
| 干辣椒、花椒 | 各适量 |
| 八角、桂皮 | 各适量 |

**制作方法**

1

2

3

4

1. 鸡肉剁成块，土豆去皮切成与肉大小差不多的块。青椒、红椒去籽切块，姜切片。锅中倒入清水，大火煮开。放入鸡块汆烫3分钟后捞出，用清水冲净鸡块表面的浮沫，沥干水后放入压力煲内。
2. 放入切好的土豆块，再倒入姜片、花椒、八角、桂皮和干辣椒。再放入1大勺老抽，加入1小勺白糖。最后依个人口味加入番茄酱。
3. 倒入啤酒没过鸡块的表面，盖上锅盖，选择鸡鸭肉功能、清香型，加压9分钟。
4. 排气后，打开锅盖，调入盐，翻拌均匀。倒入青椒块、红椒块，盖锅盖焖3分钟，放在煮好的皮带面上即可。

难度：★★☆

# 豆豉香煎鸡翅

**原料**

鸡翅中 ………………………… 5 个
青椒 ………………………… 1 个
香芹 ………………………… 2 根

**调料**

干红辣椒 ………………………… 3 个
蒜 ………………………… 8 瓣
辣豆豉 ………………………… 2 小勺
蚝油 ………………………… 2 小勺
花生油 ………………………… 适量

## 制作方法

1

2

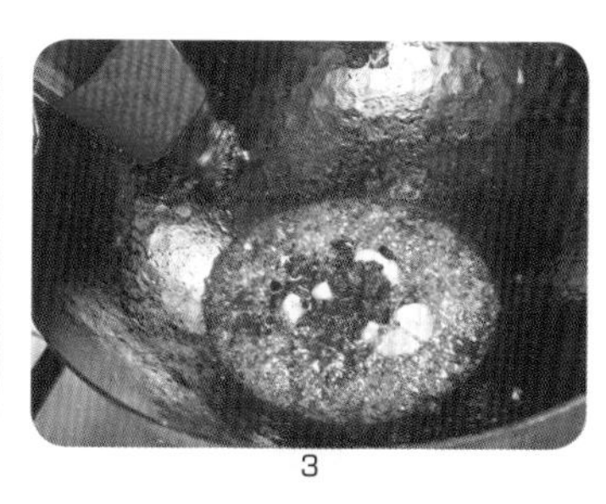

3

4

1. 平底锅烧至七成热放入鸡翅，使鸡皮面朝下。待鸡翅变成焦黄色后再翻面，并放入部分蒜煎至金黄。

❗煎制鸡翅时无需放油，让鸡翅内油脂通过高温慢慢释放出来，用自身油脂将鸡翅煎熟。

2. 炒锅烧热后入少许花生油，放入掰碎的青椒煸炒，铲出备用。
3. 炒锅内重新加入 2 小勺花生油，放入剩余蒜煸香。再加入辣豆豉、蚝油调匀。
4. 放入切成段的干红辣椒炒匀，加入清水，待汤汁烧开后加入鸡翅，烧至汤汁浓稠时加入青椒和切成段的香芹，翻炒均匀即可。

# 顺德钢盘蒸鸡

## 原料

嫩仔鸡 …1/2只(连骨约400克)
小洋葱 …………………… 5个
榨菜 …………………… 50克
干红枣 …………………… 4颗
水发香菇 …………………… 3朵

## 调料

A:
白糖、玉米淀粉 …… 各2小勺
白胡椒粉、盐 …… 各1/4小勺
生抽、料酒 ………… 各1大勺
B:
香油、花生油 …… 各1/2大勺
小葱 …………………… 2根
姜 …………………… 2片

## 制作方法

1

2

3

4

1. 将仔鸡斩成2.5厘米见方的块，洗净后沥干水。香菇、红枣提前用冷水泡发半天。
2. 小洋葱切成小瓣，姜、榨菜、香菇切成丝，红枣去核、切片，小葱切小段。榨菜丝用清水浸泡10分钟，再冲洗几次以去盐分。
3. 调料A放入浅盘中，加入鸡块抓拌均匀，腌制10分钟。
4. 放入洋葱瓣、红枣、榨菜丝、姜丝、香油拌匀。将装鸡块的浅盘放入烧开的蒸锅中，旺火蒸10分钟后出锅，表面撒上小葱段，再蒸5秒即可。

难度：★★☆

# 草菇蒸鸡

## 原料

嫩仔鸡 …1/2只(连骨约300克)

草菇 …… 160克

## 调料

A:

盐 …… 1/2小勺

白糖、玉米淀粉 …… 各2小勺

白胡椒粉 …… 1/4小勺

香油、花生油 …… 各1/2大勺

料酒、生抽、蚝油 … 各1大勺

B:

蚝油 …… 1大勺

小葱 …… 2根

姜 …… 2片

辣椒丝、葱花 …… 各适量

## 制作方法

1

2

3

4

1. 仔鸡切成2.5厘米见方的块，洗净后沥净水分。将草菇洗干净。草菇一切两半，姜切丝，小葱切小段。
2. 调料A中除油外所有调料放入碗中，加入姜、葱、鸡块抓拌均匀，腌制10分钟。再淋上香油拌匀。
3. 锅内烧开水，放入草菇煮至水开，捞起沥干。将草菇加1大勺蚝油拌匀，摆放在深盘内。
4. 将鸡块摆放在草菇上面。蒸锅内烧开水，摆入深盘，旺火蒸10分钟，撒上辣椒丝和葱花即可。

# 开胃鸡胗

## 原料

鸡胗 ……………………… 10个
莴笋 ……………………… 200克

## 调料

大蒜 ……………………… 5瓣
姜、大葱 …………… 各20克
生抽、老抽、料酒 …… 各1大勺
花生油 …………………… 适量
香油 ………………… 1/2小勺
四川红泡椒 ……………… 4个
红油豆瓣酱 ………… 1/2大勺

## 制作方法

1

2

3

1. 莴笋去皮，切成火柴棍粗细的丝。红泡椒切斜段，姜切丝，大蒜拍碎。鸡胗切薄片，加料酒拌匀。
2. 炒锅放油烧热，加入鸡胗大火爆炒。加入生抽、老抽，炒至鸡胗变色，盛出备用。
3. 净锅置火上，加入少许油烧热，放入葱、姜丝、蒜、四川红泡椒炒出香味。加入红油豆瓣酱炒至出红油。
4. 加入莴笋丝，大火炒至断生。最后加入炒好的鸡胗，淋少许香油即可出锅。

4

难度：★☆☆

# 豉汁蒸凤爪

**原料** 凤爪（鸡爪）200克

**调料** 盐1小勺，姜片10克，葱段、豉汁、花生油各适量

**制作方法**

1. 将鸡爪剪去趾甲，洗净沥干。炒锅烧热，加入花生油，放入鸡爪炸至呈焦黄色，捞起。
2. 将鸡爪投入凉水中浸泡，同时打开自来水慢慢冲漂，使鸡爪快速降温。鸡爪浸泡、冲漂1小时后捞起，加入其他调料拌匀。拌好的鸡爪装盘，放入蒸笼中蒸10分钟即可。

1

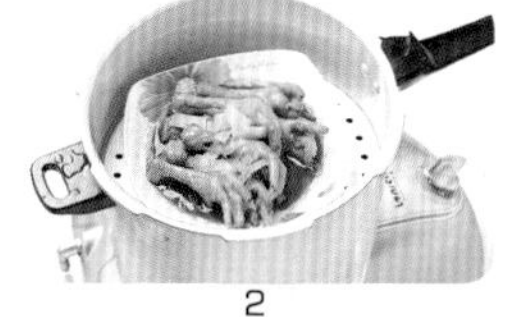

2

难度：★☆☆

# 青蒜鸡蛋干

**原料** 鸡蛋干1袋，青蒜苗2棵，青椒1个

**调料** 蒜3瓣，鲜红辣椒1个，花生油、酱油、盐各适量

**制作方法**

1. 蒜苗切段，青椒切片，红辣椒切段。长方形鸡蛋干对切开后再斜线切开成三角形，待用。炒锅烧热后加入少许油，放入鸡蛋干、蒜煎至金黄。
2. 青椒、蒜苗、鲜红辣椒与煎好的鸡蛋干同炒，加入酱油、盐调味即可。

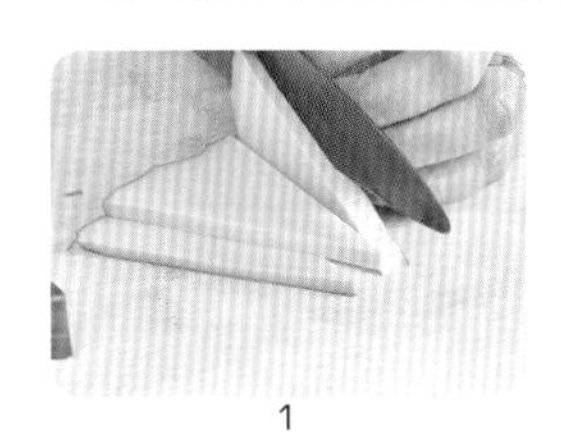

1

2

# 啤酒酱鸭

## 原料

净鸭 …… 1/4只(约450克)
西蓝花 …………………… 少许
圣女果片 ……………… 少许

## 调料

老抽 …………………… 3小勺
生抽 …………………… 4大勺
啤酒 …………………… 500毫升
白糖 …………………… $2\frac{1}{2}$大勺
八角 …………………… 2个
香葱 …………………… 2棵
姜 ……………………… 3片

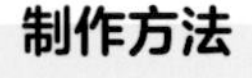

## 制作方法

1

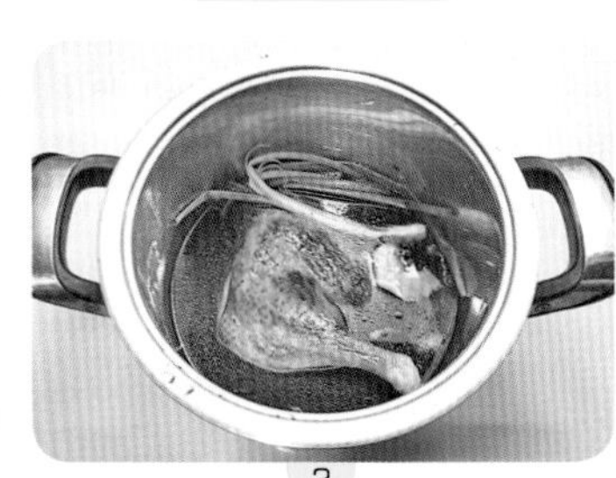
2

3

4

1. 将鸭子表面用少许老抽涂抹均匀，帮助上色，用钢盘盛装。钢盘放入烤箱中层，以200℃烤10～12分钟，至鸭表皮出油。

将鸭放入烤箱中烤是给鸭皮去油的好方法。

2. 取一深锅，放入鸭、姜、八角、香葱。加入啤酒、剩余老抽、生抽、白糖，加水至鸭的2/3处。

加入的啤酒不需要没过鸭身，只到2/3处即可，但要定时翻身让鸭身可以接触到酱料。

3. 加盖，大火煮开后转小火，煮约50分钟，每15分钟将鸭翻一次身。

4. 煮至汤汁快收干并起泡时将鸭取出，斩件，将锅里的酱汁淋在鸭身上，用焯熟的西蓝花、圣女果片装饰即可。

难度：★☆☆

# 桂花鸭

## 原料

水鸭 …………………… 1000克

## 调料

糖桂花 …………………… 5大勺
白醋 …………………… 2大勺
料酒 …………………… 5大勺
盐 …………………… 1小勺
陈皮 …………………… 3片
蒜 …………………… 3瓣
葱（切碎） …………………… 1根
枸杞 …………………… 适量

## 制作方法

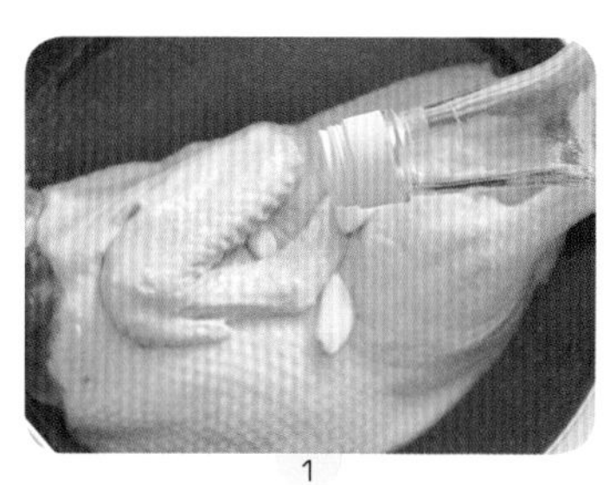
1

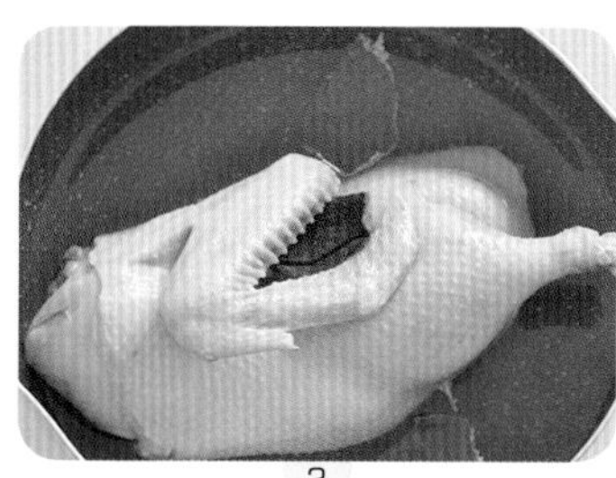
2

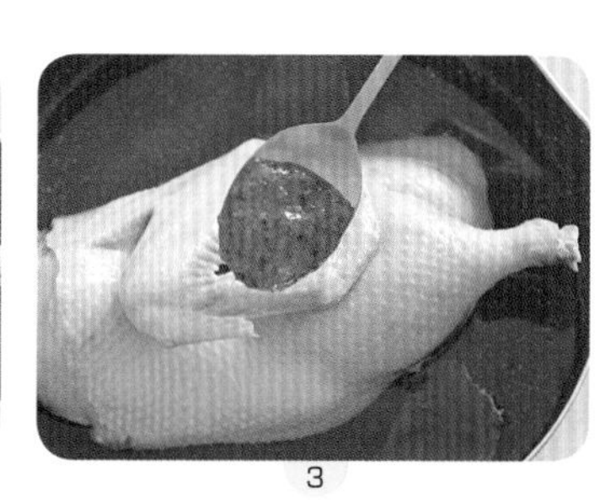
3

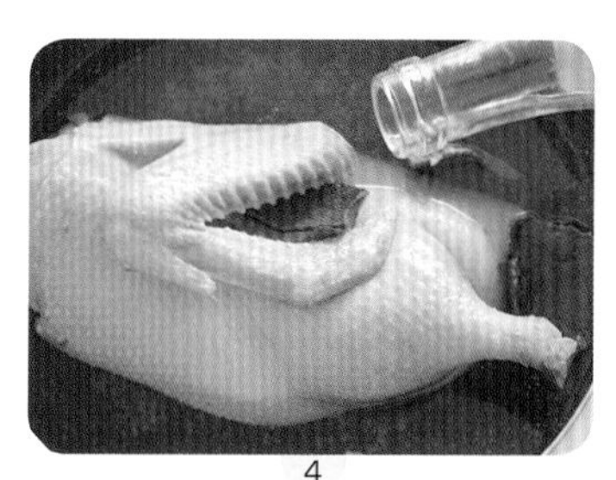
4

1. 清水煮开，放入处理干净的鸭子，加入3瓣大蒜和2大勺白醋，略煮几分钟，去掉鸭肉的血沫。
2. 将处理好的鸭子重新放入干净的锅中，加入陈皮、足量清水，煮到沸腾。
3. 加入5大勺糖桂花。
4. 加入料酒和盐，开盖保持大火煮5分钟后，加盖，转小火，继续煲1.5小时左右，装盘，放上葱、枸杞装饰即可。

难度：★☆☆

# 滑炒鱼片

## 原料

淡水鱼 …………………… 300克
青椒丝 …………………… 适量
红椒丝 …………………… 适量

## 调料

鸡蛋清 …………………… 1个
葱丝、姜丝 ……………… 各适量
盐、料酒 ………………… 各适量
水淀粉、鲜汤 …………… 各适量
香油、花生油 …………… 各适量

## 制作方法

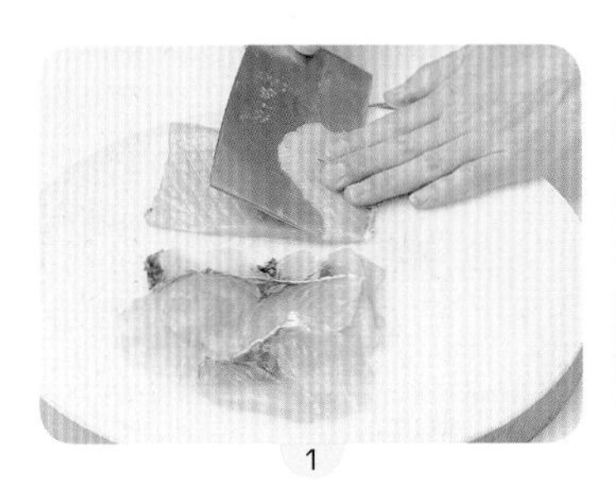

1

2

3

4

1. 将淡水鱼处理好，切成片，加盐、料酒、水淀粉、鸡蛋清拌匀，入味上浆。
2. 炒锅放油烧至五成热，下鱼肉片滑散至八成熟，倒出沥油。
3. 炒锅留少许油烧热，下葱丝、姜丝爆香，烹入料酒。
4. 放入鱼片，加盐及少量鲜汤烧开。用水淀粉勾芡，淋上香油，放上青椒丝、红椒丝装饰即成。

难度：★★☆

# 西湖醋鱼

**原料** 草鱼1条

**调料** 醋3大勺，白糖4大勺，姜丝2克，酱油、料酒、水淀粉各少许

**制作方法**

1. 将草鱼两面横着各剞几刀。炒锅加清水烧沸，放入草鱼煮3分钟，撇去浮沫。加酱油、料酒、姜丝烧至入味，盛出装盘。
2. 炒锅内的原汤中加入白糖、水淀粉和醋，推搅成浓汁，见滚沸起泡时立即起锅，徐徐浇在鱼身上即成。

1

2

难度：★☆☆

# 鱼片蒸水蛋

**原料** 鲈鱼肉500克，鸡蛋2个

**调料** 葱花15克，盐1/2小勺，酱油、香油各适量

**制作方法**

1. 鲈鱼肉洗净，切薄片。
2. 鸡蛋洗净，磕入蒸碗内，打散，加适量凉开水和盐搅拌均匀，放上鱼片，送入烧开的蒸锅里，中火蒸10分钟，淋上酱油和香油，撒上葱花即可。

难度：★★★

# 阳朔啤酒鱼

## 原料

草鱼 ………… 1条（约750克）
啤酒 ………………… 250毫升
青椒、红椒 ……………… 各1个
香芹 ……………………… 1根
番茄 ……………………… 1个

## 调料

豆腐乳 …………………… 3块
郫县豆瓣酱 ………… 1/2大勺
料酒、生抽 ………… 各1大勺
盐、白胡椒粉 …… 各1/2小勺
干红椒、大蒜 ………… 各适量
花生油 ………………… 4大勺
姜 ……………………… 8片

## 制作方法

1

2

3

4

1. 草鱼治净，切成段。将鱼块放入碗内，用料酒、盐抹匀，腌制15分钟入味。青椒、红椒、番茄切成块，香芹切成碎。锅内加入3大勺油烧热，放入4片姜，爆香后捞出。放入擦干水的鱼块，煎至两面金黄。
2. 另起炒锅，倒入花生油烧热，放入大蒜、郫县豆瓣酱、豆腐乳和剩余的姜炒香，倒入啤酒煮开。
3. 倒入煎好的鱼块，调入生抽，大火煮开后转中火煮15分钟。放入干红椒、番茄块，继续煮约5分钟，至汤汁剩1/3左右。
4. 再放入青椒块、红椒块煮至断生，调入白胡椒粉，撒上香芹碎即可出锅。

难度：★★★

# 萝卜焖鲤鱼

## 原料

| | |
|---|---|
| 鲤鱼 | 400 克 |
| 白萝卜 | 300 克 |
| 绿豆粉丝 | 50 克 |

## 调料

| | |
|---|---|
| 姜 | 4 片 |
| 蒜 | 2 瓣 |
| 大葱 | 1 段 |
| 盐 | 1 小勺 |
| 白胡椒粉 | 少许 |
| 香葱碎 | 少许 |
| 花生油 | 适量 |

## 制作方法

1

2

3

4

1. 鲤鱼处理干净。白萝卜去皮，切圆片。粉丝用凉水泡软。蒜剥去皮，拍碎。大葱切片。
2. 平底锅烧热，放入花生油烧热，将鲤鱼表面水擦干后放入锅内，用中小火煎制。煎至一面呈金黄色时翻面，加入葱、姜、蒜炒香，待两面都呈金黄色时加入清水。
3. 水煮开后加入萝卜片，盖上锅盖，大火烧开后转小火煮 15 ~ 20 分钟。
4. 煮至汤色转为奶白色，加入盐、白胡椒粉调味。临出锅前加入泡软的粉丝，再煮 1 分钟，撒香葱碎。

❗粉丝很容易熟，不需要煮太长时间，临出锅的前1分钟再放即可，不然粉丝会把汤汁都吸干。

难度：★☆☆

# 荷叶软蒸鱼

**原料** 带皮鱼肉 400 克，鲜荷叶数张

**调料** 料酒、香油、酱油各 1 小勺，盐、花椒粉、红油、葱花、姜片、熟猪油、淀粉、红椒碎各适量

**制作方法**

1. 鱼肉切块，加葱花、姜片、料酒、盐、酱油、红油、花椒粉腌入味，拌上淀粉。
2. 荷叶焯水后洗净，抹上熟猪油。将鱼块放在垫有荷叶的小笼内，旺火蒸透。取出撒上葱花、红椒碎，淋入香油，盖好荷叶即可。

1

2

难度：★★☆

# 紫苏臭鳜鱼

**原料** 臭鳜鱼 1 条

**调料** 紫苏叶 100 克，蒜瓣 10 瓣，青尖椒、红尖椒各 3 个，干红辣椒 4 个，蚝油、蒸鱼豉油各 2 小勺，花生油适量

**制作方法**

1. 青尖椒、红尖椒切圈。紫苏叶切成细丝。炒锅烧热放油，油热后加入臭鳜鱼煎制。
2. 炒锅内放入蒜瓣、紫苏叶煸香后，加入干红辣椒、蒸鱼豉油及蚝油。锅中加入汤汁烧开，放入臭鳜鱼，大火烧开。待锅中汤汁浓稠时加入紫苏叶、青尖椒、红尖椒即可。

1

2

难度：★★☆

# 剁椒鱼头

### 原料

鱼头 ………………………… 1个
剁椒、小米椒 …… 各200克

### 调料

姜末 ……………………… 60克
花生油 …………………… 4大勺
葱片、姜片 …………… 各20克
料酒 ……………………… 1大勺
胡椒粉 ………………… 1/5小勺
小香葱末 ………………… 5克

### 制作方法

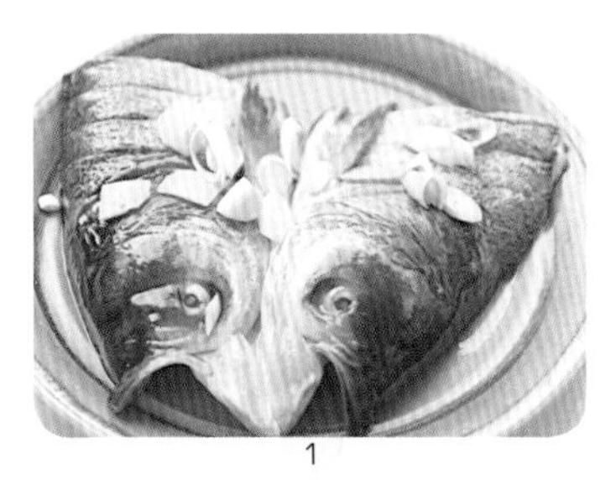
1

2

3

4

1. 鱼头洗净，从背部对剖开。在肉厚的地方划几刀，加入葱片、姜片、料酒和胡椒粉，腌渍15分钟。
2. 将小米椒洗净切圈，放入容器中，加剁椒、姜末及1大勺花生油拌匀，腌渍片刻。
3. 开水上屉，盖上锅盖，大火蒸8～10分钟，取出。
4. 锅中放3大勺花生油，烧开。将热油浇淋到鱼头上，激出辣椒的香味。撒上小香葱末加以点缀即成。

难度：★★★

# 菊花鱼

## 原料

草鱼 …… 1条
芹菜叶 …… 少许

## 调料

盐（腌渍用）…… 3/4小勺
胡椒粉 …… 1/4小勺
料酒 …… 1大勺
花生油 …… 600毫升
淀粉、糖 …… 各2大勺
番茄酱 …… 3大勺
生抽（调色用）…… 1小勺
盐（烹炒用）…… 1/2小勺
水淀粉 …… 2～3大勺

## 制作方法

1. 鱼肉斜刀片成薄片，深及鱼皮，约5刀后切断。
2. 直刀切成细条状，深及鱼皮别切断。
3. 处理好的鱼片，用盐、胡椒粉和料酒腌渍15分钟。
4. 拭干水，均匀地裹满淀粉。
5. 锅中放油，烧至五六成热，放入鱼片炸制。
6. 定型后捞出，待油温升高至七八成热，复炸一遍，至金黄酥脆。捞出，沥油备用。
7. 锅中放1大勺油，倒入番茄酱炒匀，加糖、生抽和盐，加适量的水搅拌均匀，汤汁烧开后加入水淀粉，烧至浓稠点几滴油拌均匀即成。
8. 炸好的菊花鱼摆盘，用芹菜叶点缀，将汤汁分别浇淋到鱼身上即可。

难度：★☆☆

# 杏鲍菇龙利鱼丸

## 原料

杏鲍菇 ······················ 1个
龙利鱼 ······················ 1片
鲜虾仁 ···················· 10个
青豆 ······················· 30克

## 调料

黑胡椒粒 ··················· 5克
盐、蒜末 ················· 各少许
橄榄油 ···················· 2小勺
蚝油、白糖 ·········· 各1小勺
花生油 ······················ 适量

## 制作方法

1

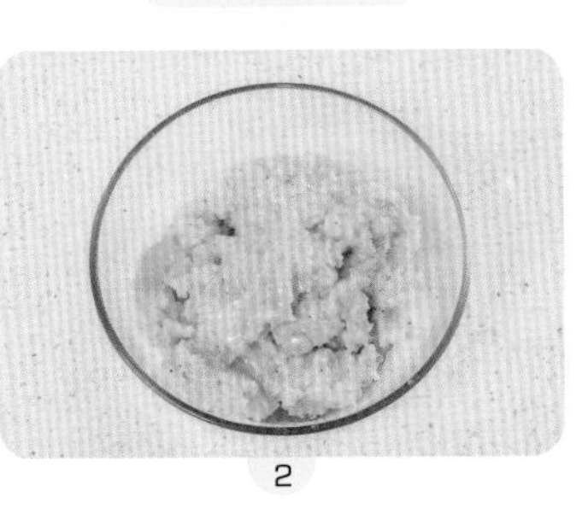
2

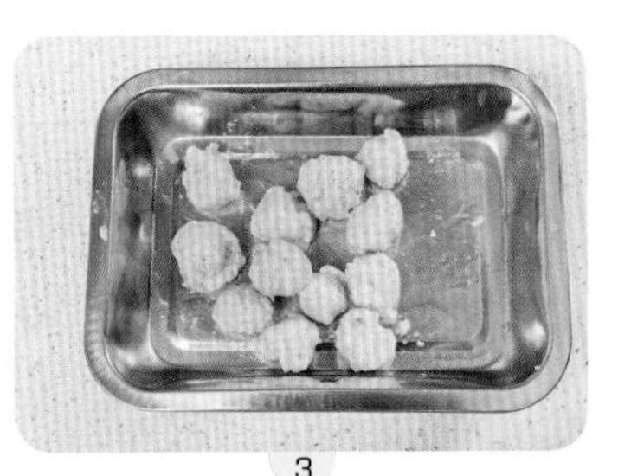
3

4

1. 用黑胡椒粒、盐和橄榄油将龙利鱼片腌渍30分钟。将龙利鱼片、虾仁同时放入料理机内。
2. 馅料搅拌上劲后加入花生油，搅拌均匀。杏鲍菇切成滚刀块。
3. 炒锅烧热后加入花生油，将搅好的馅料做成鱼丸，放锅中炸制。
4. 蒜末炝锅后放入杏鲍菇煸炒至微微有焦黄色，加入蚝油、白糖翻炒均匀。锅内加入鱼丸、青豆与杏鲍菇，同时翻炒即可。

难度：★☆☆

# 香煎鱼薯饼

## 原料

龙利鱼肉 ……………… 250 克
土豆 ………………………… 1 个
胡萝卜 …………………… 1/3 个
面包屑 …………………… 30 克

## 调料

盐………………………… 1 小勺
胡椒粉 …………… 1/10 小勺
柠檬 …………………… 1/2 个
黑胡椒碎 ……………… 0.3 克
橄榄油 ………………… 4 小勺
蛋清 …………………… 1/2 个
番茄酱（或甜辣椒）……… 适量

## 制作方法

1

2

3

4

1. 将龙利鱼肉切成块，加入少许盐、少许胡椒粉抓匀，挤上柠檬汁腌渍入味。土豆去皮后蒸熟，捣成土豆泥，放入碗中，待用。
2. 将鱼肉开水上屉蒸 5 ~ 8 分钟至熟。
3. 将鱼肉拆碎，胡萝卜切末，一同盛入碗中，再加剩余盐、剩余黑胡椒碎、蛋清和 2 小勺面包屑。所有食材搅拌均匀。
4. 将食材团成球，压成饼状，在两面均蘸上面包屑。锅中倒入橄榄油，将鱼薯饼放到锅中煎制。待煎至两面金黄、焦香上色后盛出，配番茄酱或甜辣酱食用即可。

# 家常烧小黄花

**原料**

小黄花 ······························ 6条

**调料**

盐 ······························ 1/2小勺

料酒 ······························ 2小勺

葱片、姜片 ······························ 各30克

蒜片、淀粉 ······························ 各30克

料酒、醋 ······························ 各2小勺

生抽 ······························ 4小勺

糖 ······························ 1/4小勺

花生油 ······························ 适量

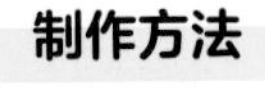

**制作方法**

1

2

3

1. 小黄花去鳃和肠，去鳞后清洗干净，放上葱片、姜片和料酒，撒盐腌渍15分钟。
2. 将锅烧至足够热，加入4小勺油，滑锅后，放入裹了一层淀粉的小黄花，中小火煎至两面金黄。撒入葱片、姜片、蒜片。
3. 烹入料酒、生抽、醋，加糖，倒入水，盖上锅盖。
4. 中小火将汤汁收至浓稠，盛出，放香菜加以点缀即可。

4

# 干烧黄鱼

**原料**

新鲜黄花鱼 …1条(约300克)
嫩笋尖、猪五花肉 … 各50克
水发香菇 ……………… 2朵

**调料**

姜 ……………………… 2片
大蒜 …………………… 3瓣
香葱 …………………… 1根
料酒 ………………… 3大勺
生抽、老抽 ………… 各1/2大勺
白糖、红油豆瓣酱 … 各1/2大勺
花生油 ………………… 适量
白胡椒粉 …………… 1/8小勺

**制作方法**

1

2

3

4

1. 黄花鱼去鳞、内脏，表面打上花刀。猪五花肉、笋尖、水发香菇分别切丁。姜、大蒜切末。香葱分开葱白和葱叶，均切碎。平底锅加油烧热，放入黄花鱼，用小火煎至两面金黄。
2. 炒锅烧热，倒入花生油，凉油放入五花肉丁，用小火煎制。煎至肉丁有少许出油时，再放入姜末、蒜末、葱白碎炒出香味。放入笋丁、香菇丁炒出香味。
3. 加入红油豆瓣酱，小火煸炒至出红油。加入1.5杯清水，加入生抽、老抽、白糖、料酒、白胡椒粉，大火烧开。
4. 放入煎好的鱼，加水至没到鱼身2/3处，大火烧开，盖上锅盖，小火焖20分钟。中间翻一次面，烧至只剩下少量汤汁，撒上葱叶碎即可。

# 三文鱼炒饭

**原料**

三文鱼、胡萝卜 ………… 各50克
水发香菇 …………………… 3朵
芹菜、香葱 ……………… 各2棵
鸡蛋 ……………………… 1个
白米饭 …………………… 1碗

**调料**

盐 …………………… 1/2小勺
姜汁 ……………………… 少许
花生油 …………………… 适量

**制作方法**

1. 将三文鱼切成8毫米见方的细丁，胡萝卜切成5毫米见方的细丁，水发香菇去根切碎，芹菜切碎。香葱分开葱白、葱绿，切成细丁。
2. 三文鱼丁放入碗中，加少许盐、姜汁拌匀，腌制10分钟。

三文鱼有些腥味，为了给鱼块去腥，最好挤一些姜汁，先腌制片刻。

3. 炒锅置火上，放油烧热，放入三文鱼丁炒至变色，盛出备用。将葱白丁、胡萝卜丁、香菇丁放入锅内炒出香味，盛出备用。
4. 鸡蛋磕入碗内，用筷子打散成蛋液，淋入再次烧热的炒锅内。用饭铲将蛋液炒散成小块状。加入白米饭炒至松散，加剩余盐调味。
5. 加入事先炒好的三文鱼丁、香菇丁、胡萝卜丁翻炒均匀。
6. 临出锅前加入芹菜碎和葱绿丁，拌匀即可。

芹菜可以给饭菜增加香气，但需注意不要过早放入，临出锅前再放口感更爽脆。

# 干煎带鱼

## 原料

新鲜带鱼 …………………… 1条

## 调料

盐 ……………………… 3/4 小勺
胡椒粉 ……………… 1/8 小勺
料酒 ……………………… 2 小勺
葱片、姜片 …………… 各 15 克
淀粉 ……………………… 20 克
姜丝、红椒丝 ………… 各 8 克
花生油 …………………… 适量

## 制作方法

1

2

3

1. 将带鱼处理好，洗净切段。在鱼段上切梳子花刀，加入盐、胡椒粉、2 小勺料酒、葱片、姜片，腌渍 15 分钟。
2. 锅烧热后加入 2 小勺油，将带鱼段裹上淀粉，下锅煎制。
3. 带鱼段煎至能推动后翻面，煎至两面金黄，烹入 2 小勺料酒，盖锅盖，稍微焖一下，收干水。
4. 盛出摆盘，留底油，将姜丝和红椒丝煸香，点缀在带鱼上即可。

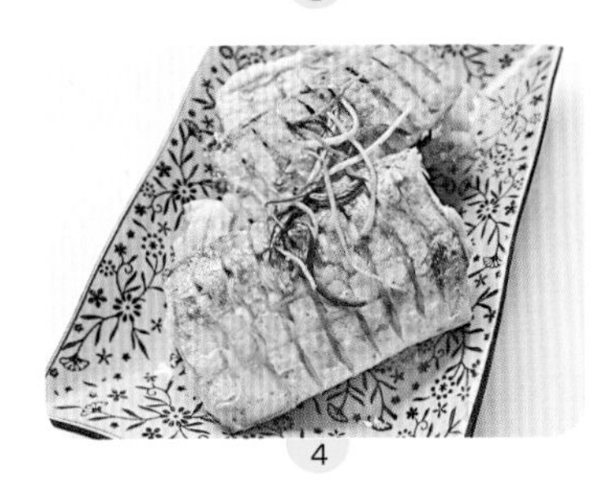
4

难度：★★★

# 酱烧鲳鱼

### 原料

金鲳鱼 …… 1条（约400克）

### 调料

大葱 ………… 2段
盐 ………… 1/4小勺
白糖 ………… 3小勺
料酒 ………… 1大勺
甜面酱 ………… $1\frac{1}{2}$大勺
蒜 ………… 5瓣
姜 ………… 4片
花生油、香葱碎 ………… 各适量
红辣椒、香菜段 ………… 各适量

### 制作方法

1

2

3

4

1. 金鲳鱼改菱形花刀，用盐、少许料酒腌制10分钟。锅烧热，放入花生油烧热，放入金鲳鱼小火煎至两面呈金黄色。
2. 甜面酱加入白糖及2大勺水搅匀。
3. 炒锅倒入花生油，放入葱、姜、蒜炒出香味。转小火，倒入调好的甜面酱烧开，加入剩余料酒，再加入水到鱼2/3处。
4. 盖上锅盖，大火烧开。转小火焖20分钟，每隔10分钟将鱼翻一次面。揭开锅盖，小火收汁至稠，用香葱碎、红椒碎、香菜段装饰即可。

难度：★★☆

# 金榜题名虾

## 原料

大虾 …… 400克
青椒 …… 50克
红椒 …… 50克

## 调料

大葱 …… 40克
盐 …… 1小勺
细辣椒面 …… 少许
花生油 …… 适量

## 制作方法

1

2

3

1. 大虾背上切一刀，用牙签挑除虾线，洗净。炒锅置旺火上，加入清水烧沸，放入大虾汆水，捞出控干。
2. 处理好的大虾放入七八成热的油锅中炸熟，捞出待用。

炸虾时油温可以稍高些，这样能使炸好的虾口感更酥脆可口。判断油温的方法：用一根干净的筷子插入油中，若筷子周围出现密集的气泡，且油上方有明显的油烟，说明油温正好合适。

3. 将青椒、红椒洗净，去蒂和籽，切片。大葱切段。
4. 净锅放入花生油，下葱段爆香，放入红椒片、青椒片和炸好的大虾。调入盐、细辣椒面，翻炒均匀并入味，出锅装入盘中即成。

4

难度：★★☆

# 3D 凤尾虾球

## 原料

新鲜大虾 ………………… 8只
鸡蛋 ……………………… 1个
面粉 ……………………… 20克
粉条 ……………………… 50克

## 调料

料酒 ……………………… 1小勺
盐 ………………………… 1/2小勺
花生油 ………………… 400毫升
番茄酱、胡椒粉 ……… 各适量
甜辣酱 ………………… 适量

## 制作方法

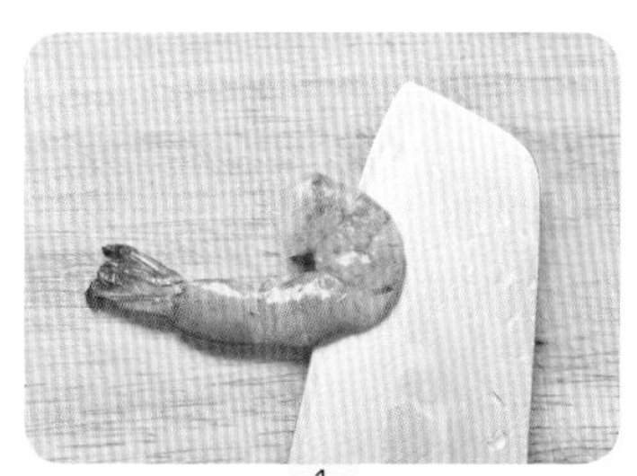
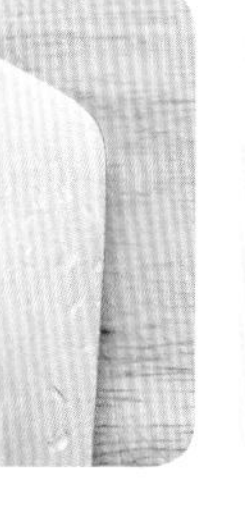

1

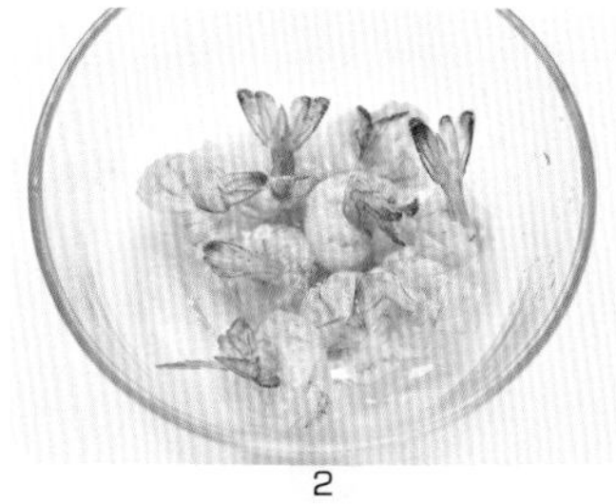

2

3

4

1. 新鲜大虾清洗干净，放入冰箱急冻1小时。虾去掉头、壳，留虾尾，再将虾卷曲，背部剖一刀，上端相连，腹部剖透，借势将虾尾从腹部穿过来，制成凤尾虾球。
2. 将虾球放入容器中，加料酒、盐和胡椒粉腌渍入味。
3. 将粉条浸泡变软，剪成0.8～1厘米的小段。鸡蛋打成鸡蛋液。将腌好的虾球先裹上面粉，再蘸蛋液，然后在粉条碎中滚过。
4. 锅中放油烧热，待油温升至180℃，放入虾球，用勺舀起热油，不断地从虾球的顶部淋下。炸至虾尾巴变红、粉条全部炸开蓬松时，将虾球捞出沥油，用厨房纸吸干净油脂，蘸番茄酱或甜辣酱食用。

# 鲜虾白菜

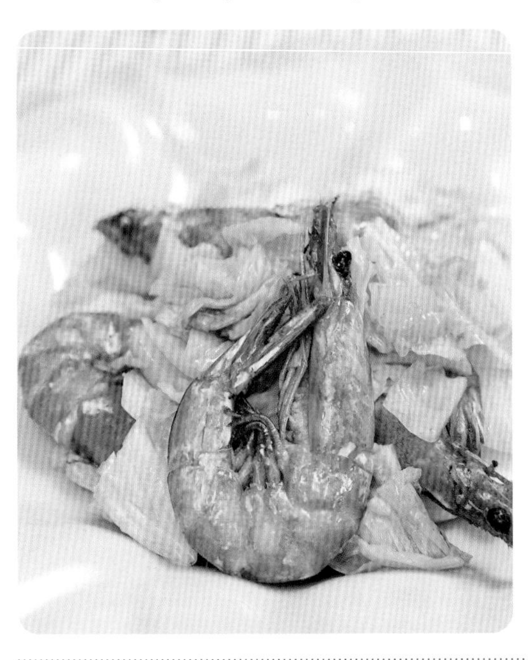

**原料** 鲜虾6只，大白菜200克

**调料** 盐、香油各1小勺，花生油适量

**制作方法**

1. 鲜虾剪去虾枪，剔除虾线。白菜叶切成帮和菜头两部分，再分别切成块。将鲜虾炒制，煸炒时轻敲虾头使虾脑内红油析出。
2. 煸好的鲜虾推至锅边，虾油置于锅底，放入白菜帮煸炒。白菜帮变软后再放入白菜头，加盐调味，出锅时加香油即可。

1

2

难度：★☆☆

# 虾仁拌莴笋

**原料** 莴笋200克，海虾仁100克

**调料** 盐1/4小勺，花椒油2小勺，香油1小勺

**制作方法**

1. 将莴笋去皮，切片。海虾仁洗净，备用。
2. 净锅上火，倒入水烧热，下入海虾仁煮熟，取出。原锅洗净，加水烧开，放入莴笋焯烫，捞出过凉，待用。
3. 将莴笋、海虾仁入盛器内，调入盐、花椒油、香油，拌匀装盘即成。

难度：★☆☆

# 炸什锦

**原料**

鲜虾 ……………………… 5只
土豆、鸡蛋 ……………… 各1个
杏鲍菇 ………………… 1/20个
胡萝卜 ………………… 1/3个
山芹 ………………………… 1根
甜玉米粒 ……………… 30克
面粉 …………………… 1/2杯

**调料**

盐 ……………………… 1/2小勺
胡椒粉 …………………… 适量
花生油 ……………… 400毫升

**制作方法**

1

2

3

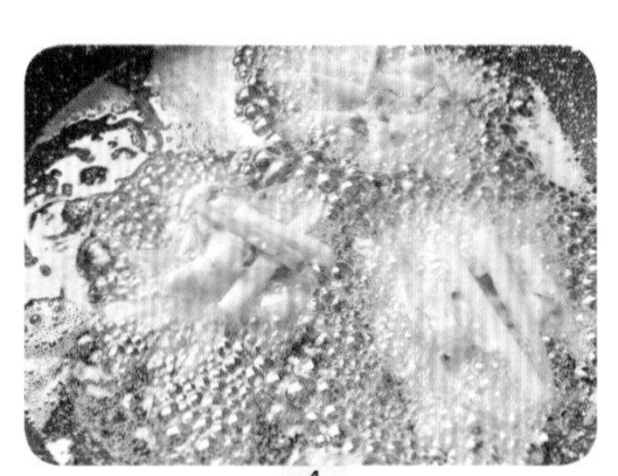

4

1. 将鲜虾清洗干净，去头、壳。将虾平剖成两片，去掉虾线。将土豆、杏鲍菇、胡萝卜洗净，切细条，山芹洗净，沥水切段。
2. 鸡蛋中倒入60毫升水，搅拌均匀，放入面粉和成糊状，加入盐和胡椒粉调味。
3. 将步骤1的食材和甜玉米粒放入面糊中，搅拌均匀。
4. 将油倒入锅中，烧至约六成热，用铲子将食材舀起，呈饼状，轻推入油锅，中小火炸2～3分钟后翻面。炸至两面金黄，捞出沥油，用厨房纸吸净多余油脂即可。

难度：★★☆

# 虾球什锦炒饭

## 原料

| | |
|---|---|
| 鲜虾 | 10只 |
| 米饭 | 1碗 |
| 小洋葱 | 1个 |
| 黄瓜 | 1/2根 |
| 彩椒 | 1/4个 |
| 胡萝卜 | 1/5根 |
| 火腿 | 1块 |
| 口蘑 | 1朵 |
| 生菜 | 1片 |

## 调料

| | |
|---|---|
| 盐、淀粉 | 各1/2小勺 |
| 胡椒粉 | 适量 |
| 鲜味酱油 | 1小勺 |
| 花生油 | 1大勺 |

## 制作方法

1

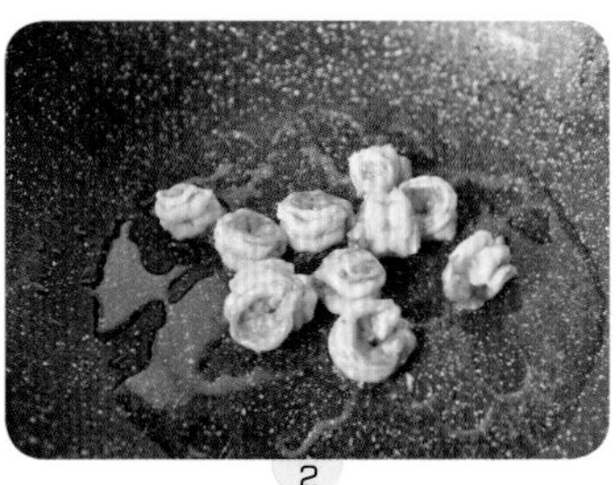

2

3

1. 鲜虾去头、壳，在背部剖开一刀（别切断），去掉虾线，加入盐、胡椒粉和淀粉抓匀，腌渍15分钟至入味。将所有的蔬菜（除生菜外）切成小丁。
2. 锅烧热，放入油，下入腌好的虾仁滑炒至变色打卷，盛出。
3. 放入小洋葱丁炒香，下入胡萝卜丁翻炒。放入其他的蔬菜丁，加盐和鲜味酱油，翻炒至入味。加入米饭炒匀，放入滑熟的虾仁，翻炒均匀。
4. 将虾仁挑出来，码在小碗的底部。放上炒好的米饭，压实。将米饭扣入垫有生菜的盘中即可。

4

难度：★☆☆

# 青瓜腰果虾仁

### 原料

黄瓜 …………………… 250克
腰果 …………………… 50克
虾仁 …………………… 150克
胡萝卜 ………………… 少许

### 调料

葱花 …………………… 6克
盐 ……………………… 4/5小勺
花生油 ………………… 1大勺

### 制作方法

1

2

3

4

1. 黄瓜削去外皮，剖开除去瓤，洗净。黄瓜切成片。胡萝卜洗净，也切成同黄瓜大小一致的片，装盘备用。
2. 锅中加清水烧沸，将虾仁下锅汆水，立即捞出，沥水。另起锅烧热，下入花生油烧至六成热，将腰果下入油锅中炸熟，捞出沥油。
3. 炒锅内加入花生油，置旺火上烧至八成热，下葱花炸香，倒入黄瓜、腰果、虾仁、胡萝卜同炒。
4. 加入盐调味，淋明油，出锅装盘即成。

# 蛋网鲜虾卷

**原料**

鸡蛋 …………………………… 3 个
面粉、黄瓜 ………… 各 50 克
土豆 …………………………… 1 个
鲜虾仁 ……………………… 10 个
胡萝卜、荷兰豆 …… 各 50 克

**调料**

黑胡椒碎 ………………… 2 克
奶香沙拉酱 …………… 2 大勺
花生油 …………………… 适量

## 制作方法

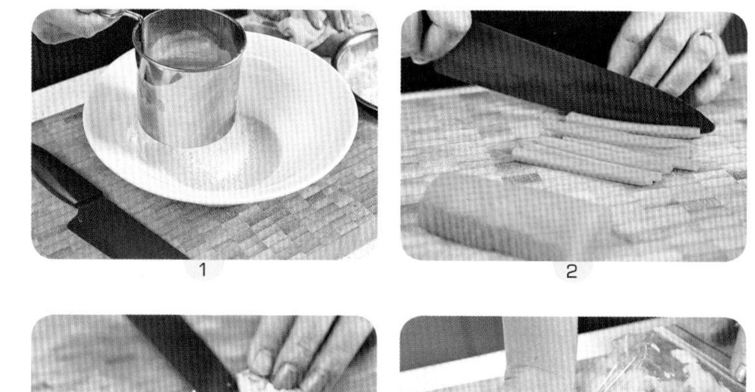

1　　2

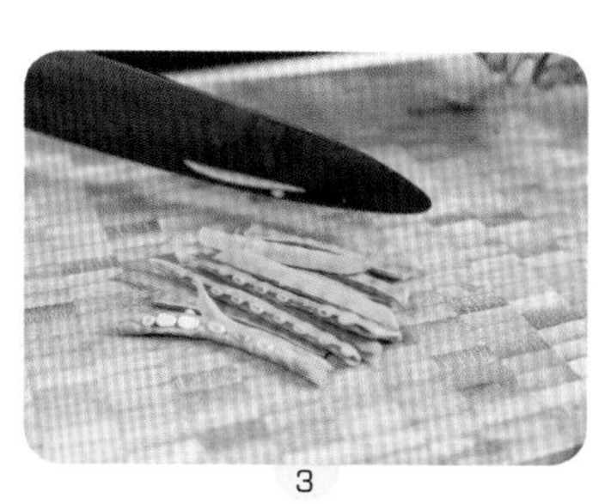

3

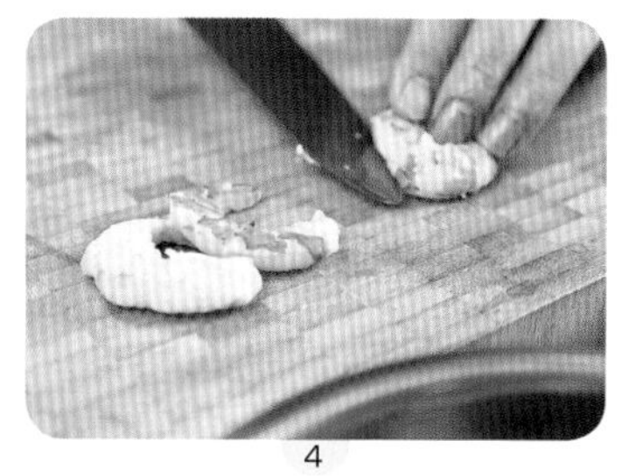

4

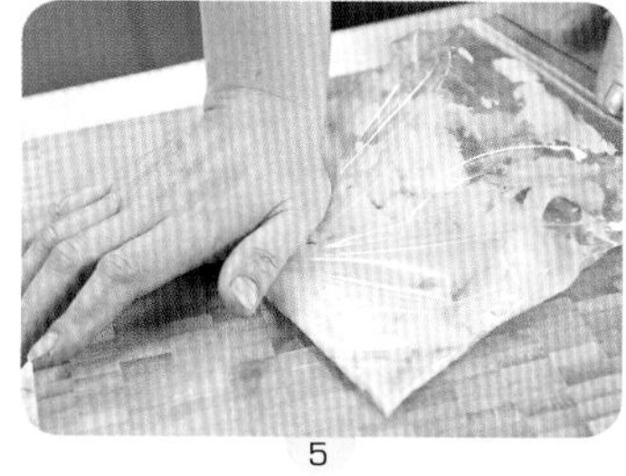

5

6

1. 鸡蛋打散。用细网筛入面粉,再用细纱过滤一遍，倒入一次性裱花袋内，只需剪一个小孔即可。
2. 胡萝卜切成半指宽的细条，用开水焯两三分钟即可。黄瓜切成与胡萝卜同宽的条。
3. 荷兰豆切成细条，用开水焯2分钟，待颜色稍变成深绿色即可。
4. 虾仁放入开水锅内焯至变色即可捞出。熟的虾仁对半切开。
5. 将蒸熟的土豆凉凉装密封袋内，连拍带打将之碾成豆泥即可。
6. 土豆泥内加入1大勺奶香沙拉酱和黑胡椒碎。
7. 不粘锅内放少许油并抹匀。手持裱花袋沿锅内横竖挤压形成网格，加热10秒翻面即可出锅。
8. 取出的蛋网要用保鲜膜封好，保持湿度和软度。将蛋网平铺在菜板上，依次将土豆泥捏成长条状平铺在最下面，以便粘住上面的食材。最后将黄瓜条、胡萝卜条、荷兰豆条、虾仁卷入蛋网即可。

7

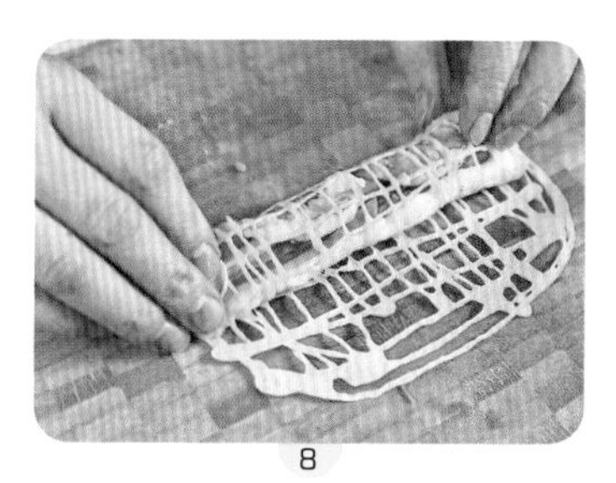

8

难度：★☆☆

# 金沙玉米虾仁

**原料** 虾仁 500 克，甜玉米粒 1 罐，面粉 10 克，鸡蛋 2 个

**调料** 淀粉 20 克，花生油、盐各适量

**制作方法**

1. 甜玉米粒控干水，加入淀粉裹匀。炒锅放油烧热，将玉米粒炸至金黄，铲出凉凉，将炸过玉米的油取出备用。挑出虾线。
2. 鸡蛋加入面粉和成面糊，加入盐调味。将虾仁裹匀面糊，放入锅中炸熟。炸好的玉米粒与虾仁混合炒匀即可。

1

2

难度：★☆☆

# 香辣小龙虾

**原料** 小龙虾 400 克

**调料** 葱片、姜片、蒜片各 25 克，盐、糖、花椒、八角各适量，辣椒酱、料酒各 1 大勺

**制作方法**

1. 小龙虾洗净沥水。锅烧热，倒入油，将小龙虾炒约3分钟至变色，盛出。锅烧热放油，放入花椒和八角煸出香味，放入1大勺辣椒酱，炒香。加入葱片、姜片、蒜片翻炒。
2. 倒入小龙虾翻炒，烹入料酒，放盐、糖调味，加入水，将小龙虾烧至入味即可。

1

2

难度：★★☆

# 印度咖喱炒蟹

**原料**

河蟹 ………………………… 2只

**调料**

老姜碎、大蒜碎 …… 各10克
黄咖喱酱 ……………… 150克
花生油、淀粉、莴苣 …… 各适量
盐、白胡椒粉、白糖 …… 各适量
香茅、辣椒碎 ………… 各适量
泰国小辣椒圈 ………… 30克
香菜段 ………………… 5克
椰丝 …………………… 少许

**制作方法**

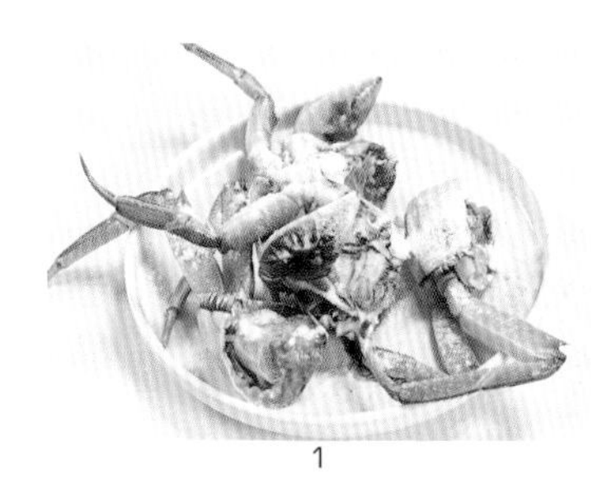
1

2

3

4

1. 把河蟹清洗干净，剁成大块，用盐和胡椒粉腌制3分钟。莴笋去皮，洗净，切成小长条，备用。把入好味的蟹块上撒一层淀粉，放入热油锅中，约炸2分钟至蟹壳呈红色，捞出，备用。
2. 锅内放入1大勺花生油，放入大蒜碎、香茅、老姜碎和20克的泰国小辣椒圈，煸炒出香味。加入黄咖喱酱，略炒1分钟。
3. 直接加入炸好的蟹块和莴笋条，加入适量的清水，烩炒3分钟直至蟹肉入味。
4. 加入适量的盐、白胡椒粉和白糖调味。装入盘中，撒上香菜段、椰丝和剩下的泰国小辣椒圈即可。

难度：★☆☆

# 辣炒蛤蜊

**原料** 蛤蜊500克

**调料** 干红椒丝5克，大葱段10克，姜片、小香葱碎各5克，盐1/4小勺，生抽1小勺，花生油适量

**制作方法**

1. 将干红椒丝入热油锅中，煸香。放入大葱段和姜片，翻炒均匀，至香味飘出。倒入蛤蜊，继续翻炒几下。
2. 加入盐和生抽，视情况加入2大勺水，盖上锅盖焖3分钟。中间翻炒2次，待蛤蜊开口后撒上小香葱碎即可出锅。

1

2

难度：★☆☆

# 椒盐琵琶虾

**原料** 琵琶虾500克，青椒、红椒各150克，大蒜50克

**调料** 酱油1小勺，椒盐、花生油各适量

**制作方法**

1. 将青椒、红椒和大蒜洗净，剁成末。
2. 锅入油烧热，倒入琵琶虾炸至金黄色，捞起，沥油。
3. 锅内留底油，烧热后倒入青椒末、红椒末和蒜末炒香，再倒入炸好的虾，翻炒均匀，调入适量酱油、椒盐，炒均后起锅装盘即可。

难度：★☆☆

# 酱爆香螺

**原料**

香螺 ………………… 约 400 克

**调料**

葱片 ………………………… 10 克

姜片 ………………………… 5 克

豆瓣酱 …………………… 1 小勺

水淀粉 …………………… 1 小勺

小香葱碎 ………………… 5 克

花生油 …………………… 适量

**制作方法**

1

2

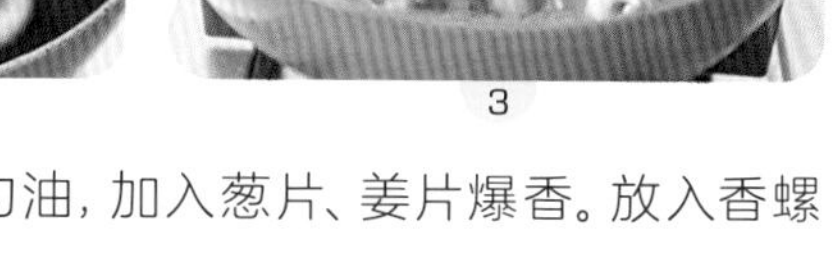
3

4

1. 锅烧热，放 1 大勺油，加入葱片、姜片爆香。放入香螺翻炒 1 分钟。
2. 加入豆瓣酱，翻炒均匀。锅中加 2 大勺水，烧开后，加盖焖约 2 分钟。

❗和其他菜品直接酱爆不同，做香螺要加少许水。首先可避免酱被烧煳，其次能促进香螺成熟。烧香螺的时间不要太长，否则影响口感。

3. 加入水淀粉，收好汤汁，出锅。

❗水淀粉可以使酱汁均匀挂满香螺。

4. 装盘，撒小香葱碎即可。

难度：★☆☆

# 吉列鱿鱼圈

## 原料

鱿鱼 ………………………… 1条
鸡蛋 ………………………… 2个
黄金面包糠 …………… 200克

## 调料

盐 ……………………… 2/3小勺
胡椒粉 ……………… 1/4小勺
面粉 ……………………… 120克
花生油 ……………… 600毫升
薄荷叶 ……………………… 1片
番茄酱（或甜辣酱）……… 适量

## 制作方法

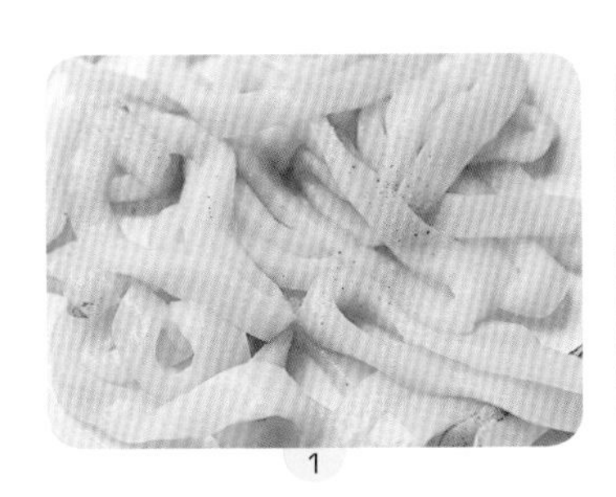
1

2

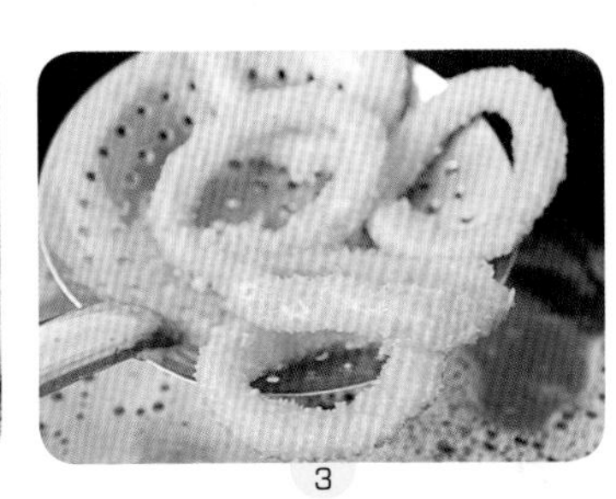
3

4

1. 将鱿鱼去头和内脏，留鱿鱼筒，清理干净，剥去鱿鱼外膜。将鱿鱼筒切成1～1.5厘米宽的鱿鱼圈，放入胡椒粉和盐腌渍10分钟入味。
2. 鸡蛋打成蛋液，备用。鱿鱼圈先蘸面粉，后裹蛋液，再蘸面包糠，逐个裹匀、压实。
3. 油烧至六成热，投入鱿鱼圈，转小火，炸至金黄后捞出。
4. 炸好的鱿鱼圈用纸吸净多余油脂，表面放上一片薄荷叶，蘸番茄酱或甜辣酱食用。

## 红枣山药炖南瓜

难度：★★☆

**原料** 鲜山药、南瓜各 300 克，红枣 100 克

**调料** 红糖适量

**制作方法**

1. 鲜山药洗净，削去皮，切成 3 厘米见方的块。南瓜洗净，去皮和瓤，切成与山药相同大小的块。
2. 红枣洗净，去除枣核，待用。所有原料一同放入锅内，加水和红糖，置火上烧开，盖上锅盖，小火炖 1 小时即可。

1

2

## 草菇汤

难度：★☆☆

**原料** 草菇 200 克，青菜心 100 克

**调料** 花生油 1 大勺，盐适量

**制作方法**

1. 草菇洗净，切片。青菜心择洗干净。
2. 炒锅置火上，加入花生油烧热，倒入草菇翻炒片刻，加入青菜心再炒几分钟。
3. 炒锅中倒入清水烧沸，加适量盐烧至入味，盛入大汤碗中即可。

难度：★☆☆

# 冬瓜银耳羹

**原料** 冬瓜 250 克，银耳 30 克

**调料** 鲜汤 100 毫升，香菜、红椒、盐、黄酒、花生油各适量

**制作方法**

1. 冬瓜切片。银耳泡发，去黄色部分，撕成小朵。炒锅入油烧热，倒入冬瓜煸炒，加鲜汤、盐。
2. 烧至冬瓜将熟时调入银耳、黄酒，加香菜、红椒装饰即成。

1

2

难度：★☆☆

# 板栗煲尾骨

**原料** 猪尾骨 300 克，板栗 100 克，党参 5 克，枸杞 5 克

**调料** 盐 1 小勺，葱、姜、高汤各适量

**制作方法**

1. 猪尾骨去除杂质，洗净，斩成块，汆水后过凉。板栗去除外壳。
2. 猪尾骨放入锅中，加高汤，放入板栗、党参、葱、姜、枸杞，大火烧开，小火煲至汤汁浓白，加盐调味即可。

1

2

难度：★☆☆

# 印尼辣味猪肉汤

**原料**

猪排骨 ………………… 500克

**调料**

杏仁 …………………… 100克
洋葱碎、姜末、蒜末 … 各20克
小辣椒 ………………… 2个
柠檬汁 ………………… 1小勺
花生油 ………………… 2大勺
咖喱粉 ………………… 80克
丁香 …………………… 2粒
盐、白胡椒粉 ………… 各适量
香菜叶 ………………… 少许

**制作方法**

1

2

3

1. 把猪排骨洗净，剁成3厘米长的段，用开水氽一下，清洗干净，备用。小辣椒切成段。
2. 汤锅内加入花生油，待油热后放入洋葱碎、姜末、蒜末、辣椒段、丁香和咖喱粉，用小火煸炒8分钟。
3. 放入猪排骨，继续煸炒5分钟，加入2000毫升清水，用大火烧开，撇去浮沫，改小火慢炖1小时。
4. 炖1小时后放入杏仁，继续煮15分钟。用盐、白胡椒粉和柠檬汁调味，用香菜叶装饰即可。

4

难度：★☆☆

# 马来西亚肉骨茶

## 原料

猪排骨 …………………… 500克

## 调料

大蒜 …………………… 3克
盐、白胡椒粉 ………… 各适量
酱油 …………………… 1小勺
老姜 …………………… 1块
枸杞 …………………… 5克
● 香料
玉竹 …………………… 12克
当归 …………………… 5克
甘草 …………………… 3克
桂皮 …………………… 少许
丁香 …………………… 2粒
八角 …………………… 1个

## 制作方法

1

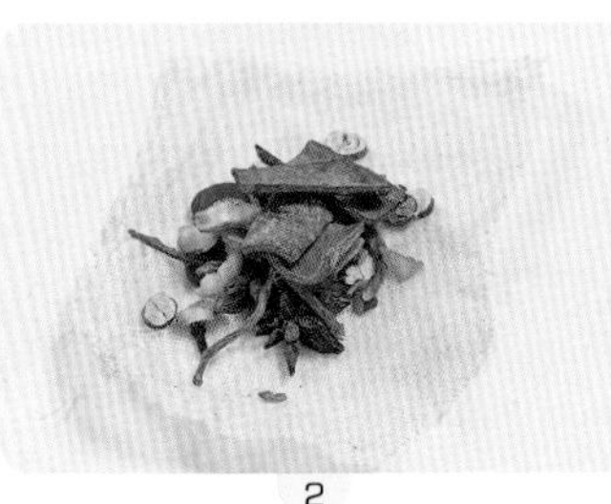
2

3

4

1. 将排骨洗净，剁成5厘米长的段，用清水汆一下，备用。
2. 把所有香料先用水焯一下，然后用细纱布把香料和老姜一起包起来。
3. 深底锅内加入2000毫升清水，放入香料包和排骨，大火烧开，撇去浮沫，改小火慢炖15分钟，加入酱油和大蒜，盖上锅盖继续慢炖60分钟。
4. 用盐、白胡椒粉调味，放上枸杞装饰即可。

难度：★☆☆

# 莲藕排骨汤

**原料** 莲藕 250 克，排骨 200 克

**调料** 姜片 2 片，酱油 1 小勺，八角 1 个，花生油、盐、葱段、香油各适量

**制作方法**

1. 排骨汆水，控净水分。炒锅置火上，倒入花生油烧热，下入葱段、姜片、八角爆香，放入排骨煸炒。
2. 倒入水，调入盐、酱油，煲至排骨八分熟时下入莲藕。小火炖煮至排骨熟烂，淋入香油即可。

1

2

难度：★☆☆

# 川贝梨煮猪肺

**原料** 川贝母 10 克，梨 2 个，猪肺 1 个

**调料** 冰糖适量

**制作方法**

1. 将川贝母研成细末。猪肺切小块。梨削皮去核切小块。
2. 将川贝母、梨块、猪肺块同煮成汤，加适量冰糖调味即可食用。

1

2

难度：★☆☆

# 猪肝豆腐汤

**原料** 猪肝 80 克，豆腐 250 克

**调料** 湿淀粉 1 大勺，枸杞、盐 、姜、葱各适量

**制作方法**

1. 猪肝切薄片，加湿淀粉抓匀上浆。豆腐切厚片。锅中加入适量清水烧开，放入豆腐片，再加入少许盐煮开。
2. 放入猪肝，加盐、葱、姜、枸杞，再煮 5 分钟即可。

1

2

难度：★★☆

# 猪蹄瓜菇煲

1

2

**原料** 猪前蹄 1 只，丝瓜 300 克，豆腐 250 克，香菇、红枣各 30 克

**调料** 姜 4 片，盐 1 小勺，黄芪、枸杞、当归各适量

**制作方法**

1. 香菇洗净，去蒂。丝瓜削皮，切块。豆腐切块。猪前蹄去毛剁成块。猪蹄块放入开水锅中煮 10 分钟，捞起冲洗净。黄芪、枸杞、当归、红枣放纱布袋中备用。
2. 锅内入药袋、猪蹄块、香菇、姜片及适量清水，大火煮开后改小火，煮 1 小时至肉熟烂。放入丝瓜、豆腐，继续煮 5 分钟，加盐调味即成。

难度：★☆☆

# 山药羊肉汤

**原料**

羊肉 ………………… 500克
淮山药 ………………… 50克

**调料**

姜………………………… 4片
葱白 ………………………… 2段
胡椒粉 ……………………… 适量
料酒 ………………………… 适量
盐 …………………………… 适量
香菜 ………………………… 适量

**制作方法**

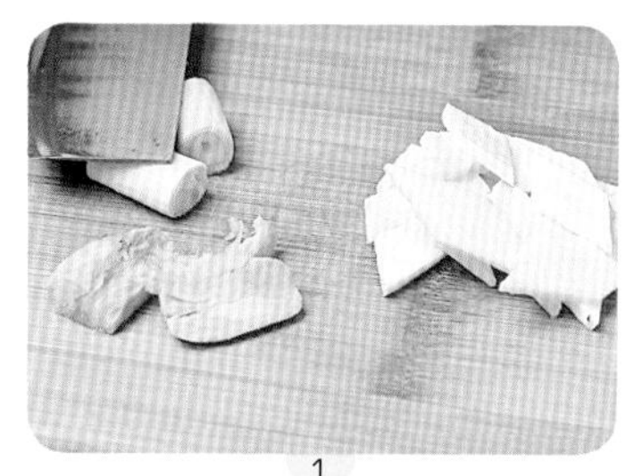
1

2

3

4

1. 淮山药用清水焖透，切0.2厘米厚的片。羊肉去筋膜，略划刀口，入沸水汆去血水，捞出控干。
2. 淮山药片与羊肉一起放入锅中，加清水、姜、葱白、胡椒粉、料酒，武火烧沸。
3. 撇去汤面上的浮沫，移小火上炖至酥烂。捞出羊肉凉凉，切片，放入碗中。
4. 将原汤中姜、葱白除去，连山药一起倒入羊肉碗内，加盐、香菜即成。

难度：★★☆

# 羊肉丸子萝卜汤

**原料**

羊肉 ······················ 200克
白萝卜块 ······················ 适量
鲜香菇块 ······················ 150克
肥肉末、芹菜末 ······ 各50克

**调料**

葱姜汁、盐 ············ 各1小勺
胡椒粉、高汤 ············ 各适量
香油、香菜叶 ············ 各适量
鸡蛋液、花生油 ········· 各适量
淀粉、枸杞 ················ 各适量

**制作方法**

1

2

3

4

1. 羊肉去筋，剁细蓉，放入盆中。倒入葱姜汁顺时针搅打上劲。
2. 加入蛋液、肥肉末、芹菜末、少许盐、胡椒粉、淀粉，搅匀。
3. 高汤用大火烧沸，放入用羊肉做成的小丸子慢火汆熟，下入白萝卜块和香菇块。
4. 出锅时加剩余盐，撒香菜叶和枸杞，淋上香油即成。

难度：★☆☆

# 羊肉番茄汤

**原料** 熟羊肉 250 克，西红柿 200 克

**调料** 盐 1 小勺，香葱碎、香油、羊肉汤各适量

**制作方法**

1. 羊肉切成小薄片。西红柿洗净，去蒂，切成瓣。
2. 锅内加入羊肉汤，放入羊肉片、盐稍煮。放入西红柿，烧开后撇去浮沫，放香油和香葱碎，装碗即可。

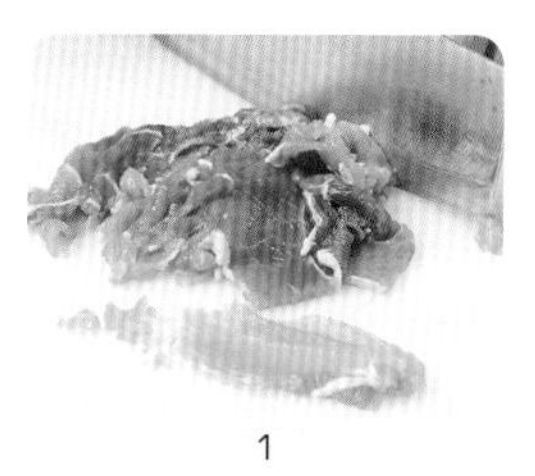

1

2

难度：★☆☆

# 羊排炖鲫鱼

**原料** 羊排 300 克，净鲫鱼 1 条（约 200 克），油菜 50 克，枸杞 10 克

**调料** 上汤 500 毫升，盐 2 小勺，醋、料酒、胡椒粉、葱花、姜片、花生油各适量

**制作方法**

1. 锅中加油烧热，爆香葱花、姜片，放入鱼煎一下。加上汤、羊排、枸杞，慢火炖熟。
2. 放入盐、醋、料酒调味。放入油菜稍煮，撒胡椒粉即可。

1

2

难度：★☆☆

# 胡萝卜炖牛肉

### 原料

牛肉 …………………… 500克
胡萝卜 …………………… 2根
中等大小的土豆 ………… 2个
洋葱 …………………… 2个
嫩豆荚 …………………… 50克
枸杞 …………………… 30克

### 调料

面粉 …………………… 4大勺
胡椒粉 …………………… 适量
盐 …………………… 适量
奶油 …………………… 适量

### 制作方法

1

2

3

4

1. 牛肉切块，撒盐、胡椒粉和1大勺面粉拌匀。胡萝卜切小块，土豆、洋葱切片，豆荚切段。
2. 奶油放炒锅内烧热，放入牛肉块炒成茶色。放入洋葱片一起炒，加4碗热水，放入枸杞，加盖煮开。
3. 改用极弱的火，依次加入胡萝卜、土豆、豆荚，煮1.5小时后放盐。
4. 用3大勺面粉调成糊状，倒入汤里搅匀，再煮半小时后加盐、胡椒粉调味即可。

# 西湖牛肉羹

## 原料

牛肉 …………………… 150 克
蘑菇、豆腐 ………… 各 50 克
鸡蛋 ……………………… 1 个

## 调料

香菜 ……………………… 2 棵
香葱 ……………………… 1 棵
姜 ………………………… 2 片
盐 …………………… 1/2 小勺
白胡椒粉 …………… 1/4 小勺
水淀粉（玉米淀粉 2 大勺 + 清水 2 大勺）
……………………… 适量

## 制作方法

1

2

3

4

1. 牛肉剁碎，尽量剁细。蘑菇去蒂，切碎。豆腐切小块。香菜、香葱切碎。鸡蛋取蛋清备用。锅内烧开一锅水，取 1 大勺开水放入牛肉内，搅匀后倒入漏勺中，沥干血水，备用。
2. 将蘑菇、豆腐块、姜片放入开水中煮开。加入沥净血水的牛肉末，煮开。
3. 加水淀粉勾芡，煮至汤变浓稠，拣去姜片，调小火，转圈淋入蛋清。
4. 熄火后加入盐、白胡椒粉，撒香菜碎和香葱碎即可。

难度：★☆☆

# 淮山兔肉补虚汤

**原料** 兔肉块 200 克，淮山药 30 克，党参、枸杞各 15 克，大枣 6 个

**调料** 姜片、葱段各 5 克，花生油、盐、料酒各适量，葱花少许

**制作方法**

1. 兔肉块与淮山药、党参、枸杞、大枣同放锅内，加适量水。文火炖煮1小时后捞出，控干水。炒锅加油，武火烧至七成热，爆香姜片，放入兔肉略炒。
2. 加入料酒、盐，倒入炖煮兔肉的汤汁。锅中烧开后放入葱段，待再煮开两滚后拣去葱段、姜片，撒上葱花起锅即可。

1

2

难度：★☆☆

# 荸荠雪梨鸭汤

**原料** 荸荠 100 克，鸭块 250 克，雪梨 2 个

**调料** 香菜少许，盐少许

**制作方法**

1. 雪梨去皮、核，切片。荸荠削去皮，切片。
2. 将雪梨、荸荠与鸭块入锅中。加适量水同煮至熟，加少许盐、香菜调匀即可。

1

2

# 咸鱼茄瓜煲

## 原料

茄子 ……… 2 个(约 400 克)
马鲛咸鱼 … 1 小块(约 60 克)
五花猪肉 ……………… 80 克

## 调料

A:
玉米淀粉 ……………… 2 大勺
花生油 ………………… 适量
高汤 ……………… 200 毫升
蒜 ………………………… 2 瓣
姜 ………………………… 10 克
香葱 ……………………… 1 棵
B:
生抽 …………………… 2 大勺
老抽 ………………… 1/4 小勺
陈醋 …………………… 1 大勺
白砂糖 ………………… 2 小勺

1

2

3

## 制作方法

1. 马鲛咸鱼用温水浸泡 30 分钟，切成丁。茄子切细长段。葱分开葱白及葱绿，切成末。五花肉切丁。蒜、姜切末。将茄条裹上玉米淀粉。锅内倒入 1 碗油，中火烧至 170℃，放入茄条炸至表面呈微黄色、内部变软。沥干油，备用。
2. 将调料 B 制成料汁。炒锅内倒入 1 小勺油，放姜末、蒜末、葱白末炒出香味。锅内放入猪肉丁，小火煸炒至出油，放入咸鱼丁炒出香味。
3. 加入炸好的茄条。加入高汤，再加入调好的料汁。中火煮开，转小火，加盖焖煮至汤汁变浓稠，倒入锅内，撒上葱绿末即可。

# 西红柿鲜虾蛋花汤

## 原料

鲜虾仁 …………………… 100克
西红柿 …………………… 1个
鸡蛋 …………………… 2个

## 调料

料酒、淀粉、番茄酱 … 各1小勺
盐、胡椒粉 ……… 各1/4小勺
盐 …………………… 2/3小勺
香油 …………………… 1/2小勺
小香葱 …………………… 5克
葱片、蒜片 …………… 各15克
花生油 …………………… 适量

## 制作方法

1

2

3

1. 鲜虾仁放入容器中，加入料酒、盐、胡椒粉和淀粉抓匀，备用。
2. 锅中放油，加入葱片和蒜片煸香。
3. 去皮的西红柿切成小块，下锅翻炒十几下。加入小1勺番茄酱炒匀，倒入热水，快烧开时加入虾仁。汤烧开后倒入搅打均匀的鸡蛋液。
4. 鸡蛋液膨起后立即关火，用铲子将锅底轻推，加入盐、香油调味。最后撒小香葱，盛出即可。

4

难度：★☆☆

# 虾仁冬瓜汤

**原料** 虾100克，冬瓜300克

**调料** 香油1小勺，盐1小勺

**制作方法**

1. 虾去壳，剔除虾线，洗净后沥干，放碗内。冬瓜洗净，去皮、瓤，切成小骨牌块。
2. 虾仁随冷水入锅，煮熟后加冬瓜，煮至冬瓜熟软后加盐调味。将煮好的汤盛入汤碗中，淋入香油即可。

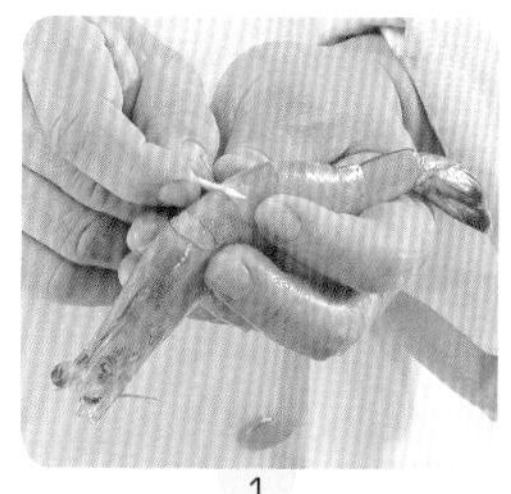

1

2

难度：★★☆

# 紫菜虾皮汤

**原料** 紫菜（干）10克，虾皮10克，鸡蛋60克

**调料** 花生油1大勺，料酒1小勺，醋、酱油、香油、香菜各适量

**制作方法**

1. 将紫菜洗净，撕开，备用。鸡蛋磕入碗中，搅匀。虾皮洗净，加料酒浸泡10分钟。
2. 锅置旺火上，入花生油烧热，倒入酱油炝锅，立即加1碗水，放入紫菜、虾皮煮10分钟，再放入蛋液、醋略加搅动，待蛋熟起锅，调入香油，撒上香菜即成。

难度：★★☆

# 黄花鱼馅饺子

**原料**

| | |
|---|---|
| 黄花鱼 | 2条 |
| 五花肉馅 | 250克 |
| 韭菜 | 1小把 |
| 面粉 | 400克 |
| 胡萝卜 | 100克 |

**调料**

| | |
|---|---|
| 葱末 | 15克 |
| 姜末 | 5克 |
| 盐 | 3/4小勺 |
| 味极鲜 | 2小勺 |
| 香油、五香粉、胡椒粉 | 各1小勺 |
| 花生油 | 2大勺 |

## 制作方法

1. 胡萝卜切粒，加入半杯水，用料理机榨成汁，过筛备用。
2. 准备好面粉，加入水和胡萝卜汁和成软硬合适的面团，醒发20分钟。
3. 黄花鱼洗净，去鳞、内脏，搓掉腹部黑膜。
4. 去头尾，片成大片，去掉腹腩，留净鱼肉。用手将大鱼刺剔除，备用。
5. 鱼肉去皮，用刀背剁成糜，放入五花肉馅（比例为1∶1），加入葱末和姜末。

鱼肉做水饺一定要加一定比例的猪肉，这样才香。

6. 加入盐、味极鲜、香油、五香粉、胡椒粉调味，然后少量多次加入130毫升清水，将馅料调成厚糊状。

调馅时记得少量多次加水，直至水全部吸收，这样馅料才能鲜美多汁。

7. 韭菜切末后加入花生油裹匀，包饺子之前放入馅中。搅拌均匀，酌情加盐（分量外）。

韭菜是提鲜所必不可少的。用花生油裹匀，既可避免韭菜出水，又能给馅料增香。

8. 醒好的面揉匀，面团搓长条，切成均匀的剂子，擀成中间厚四周薄的饺子皮，放入馅料，挤成元宝状。下入锅中煮熟即可。

7

8

难度：★★☆

# 香芹豆腐干猪肉水饺

**原料**

| | |
|---|---|
| 香芹 | 500克 |
| 猪肉 | 200克 |
| 豆腐干 | 150克 |
| 面粉 | 800克 |

**调料**

| | |
|---|---|
| 花生油 | 50克 |
| 香油 | 10克 |
| 盐 | $2\frac{1}{2}$小勺 |
| 白糖、胡椒粉 | 各1小勺 |
| 蔬菜精、料酒、酱油 | 各1小勺 |
| 葱末、姜末 | 各适量 |

**制作方法**

1. 面粉中分次加入550毫升清水和成软硬适中的面团，盖湿布醒15分钟再揉匀，继续醒10分钟。
2. 猪肉剁碎，加料酒、胡椒粉、酱油、葱末、姜末、1小勺盐调匀，腌制5分钟。
3. 香芹焯烫1分钟，捞出置冷水中降温，切末，挤干水分，挤出的芹菜汁留用。
4. 豆腐干切末，与芹菜末一起放入盆中。将芹菜汁分次加入肉馅中，用筷子搅打上劲。
5. 起油锅，爆香葱末、姜末，凉凉。放入香芹、猪肉、豆腐干，加白糖、蔬菜精、香油和剩下的盐，调成馅。
6. 醒好的面团擀制成饺子皮，包入馅料成饺子。下锅中煮熟，捞出即可。

难度：★☆☆

# 猪软骨拉面

## 原料

猪软骨 ………………… 400克
拉面 ……………………… 1把
卷心菜叶 ………………… 2片
绿豆芽 ………………… 60克
笋 ………………………… 1根
溏心蛋 …………………… 1个

## 调料

葱段、姜片 …………… 各20克
卤排骨料包 ……………… 1个
鲜味酱油、盐………… 各1小勺
小香葱 …………………… 1根

## 制作方法

1

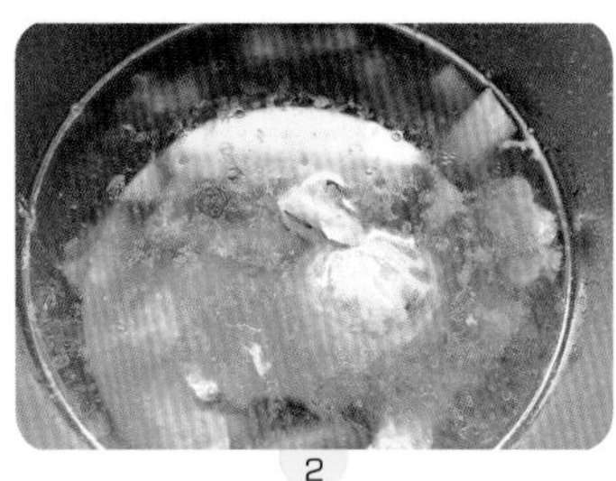

2

3

4

1. 笋切丝，小香葱切碎。猪软骨洗干净，用清水浸泡1~2小时，去除血污。将猪软骨切块，放入高压煲，加入适量的水，放入卤排骨料包、葱段、姜片、鲜味酱油和盐。
2. 将猪软骨块卤熟，备用。
3. 将卷心菜叶洗干净后撕成片，和绿豆芽、笋丝一起焯烫，沥水备用。
4. 待拉面煮熟后，用凉开水过凉后捞出，放到碗中。将猪软骨块放到面上，浇上卤汤，搭配烫好的蔬菜和溏心蛋，撒上小香葱碎即可。

难度：★☆☆

# 紫菜包饭

**原料**

米饭 …………………………… 1碗
胡萝卜、黄瓜 …………… 各适量
大根、蟹肉棒、牛蒡 …… 各适量
寿司海苔 ………………… 1张
鸡蛋 …………………………… 1个

**调料**

香油 ……………………… 1小勺
盐 ………………………… 1/4小勺
黑芝麻、白芝麻 … 各1/2小勺

**制作方法**

1

2

3

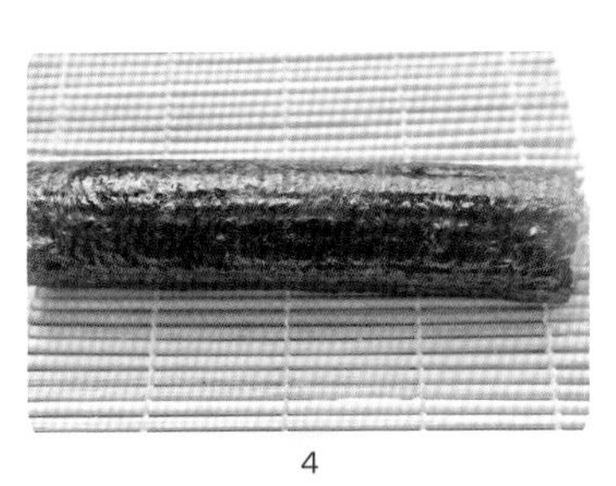

4

1. 蒸好的米饭放至温热，加入盐、香油和黑芝麻、白芝麻拌匀。
2. 将寿司海苔放到竹帘上，糙面朝上。将手洗净，蘸凉开水，把调好味的米饭均匀地摊在寿司海苔上，四周留1厘米左右的边。
3. 将鸡蛋打成蛋液，放不粘锅煎成蛋皮，取出后切成条状。将黄瓜、胡萝卜切条，一起放到锅中，用香油煸一下。准备好大根、蟹肉棒和牛蒡。将条状食材放在寿司海苔的1/3处。
4. 用竹帘将寿司海苔卷起。刀上刷一层香油，用刀切成八等份，摆盘食用即可。

难度：★☆☆

# 紫米山药

## 原料

紫米 …………………… 50克
糯米 …………………… 50克
山药 …………………… 100克

## 调料

白糖 …………………… 3大勺
鲜蚕豆瓣 ………………… 少许
炼乳 …………………… 1小勺

## 制作方法

1

2

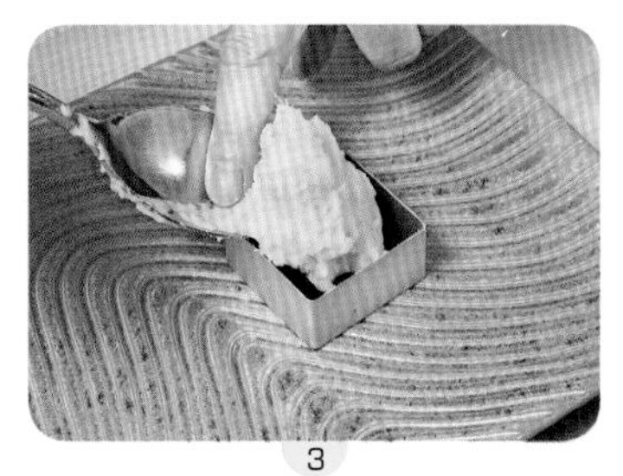

3

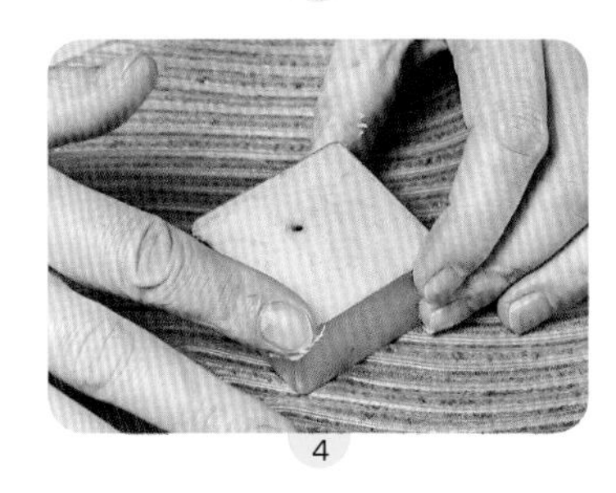

4

1. 紫米与糯米混合后用水浸泡2小时。山药去皮后与紫米、糯米一同放入蒸锅中，蒸大约30分钟。
2. 蒸好的紫米饭内加入白糖调拌均匀。蒸熟的山药碾成山药泥。
3. 山药泥内加入炼乳调拌均匀。紫米饭放入模具的最下面，山药泥置于紫米饭上面。
4. 将模具周围多余部分抹平，整理干净，并轻轻拿下模具，装入盘中，插上鲜蚕豆瓣装饰即可。

# 玩转厨房，创意料理

# 1『米饭杀手』下饭菜

一道诱人的下饭菜，无论荤菜、素菜、汤煲，搭配刚出锅的大米饭，都是神仙级的享受。或无辣不欢，让舌尖被温婉的麻辣俘虏；或酱汁浓郁，每一滴汤汁都不能放过。米饭的香气混合着最爱吃的家常味道，让人恨不得拿起大勺来，连下三碗饭！

难度：★☆☆

# 剁椒烧白菜

**原料**

白菜心 … 300 克

**调料**

湖南剁椒酱 … 30 克
姜 ………… 2 片
蒜 ………… 4 瓣
葱 ………… 2 根
蚝油 …… 1 大勺
生抽 … 1/2 大勺
白砂糖 … 1 小勺
香油 …… 1 小勺
花生油 …… 适量

**制作方法**

1. 蚝油、生抽、白砂糖放碗内调匀成味汁。剁椒酱中加入少许香油拌匀。白菜心焯烫至软，沥干水。葱、姜、蒜切末。
2. 炒锅置火上烧热，倒入油，放入葱末、姜末、蒜末炒香，再放入剁椒酱炒出香气。
3. 加入步骤 1 中调好的味汁，烧至起泡。
4. 入白菜心，大火爆炒几分钟，出锅时再淋入剩余香油即可。

难度：★☆☆

# 鲜茄赛鲅鱼

**原料** 长茄子 500 克，鸡蛋 2 个，面粉 50 克

**调料** 大蒜末 30 克，盐、高汤各 1 小勺，白糖、料酒、水淀粉各 1/2 小勺，花生油 2 大勺，辣椒碎适量

**制作方法**

1. 长茄子切成三段，每段顶部切十字花刀。茄段加盐腌 15 分钟左右，至茄子变软。将鸡蛋打成鸡蛋液。将茄段裹匀面粉，裹上鸡蛋液，放入热油锅中小火煎熟。
2. 大蒜末下热油锅中炸香，放在茄子上。用盐、白糖、料酒、高汤和水淀粉调成汁，放入锅中，烧开后淋在茄子上，放上辣椒碎装饰即可。

1

2

难度：★☆☆

# 青椒豆腐干

**原料** 白豆腐干 300 克，胡萝卜 100 克，青椒 50 克，水发黑木耳 50 克

**调料** 葱末、姜末、蒜末各 5 克，辣豆瓣酱 1 大勺，盐、花生油各适量

**制作方法**

1. 豆腐干洗净，切条。胡萝卜洗净，切丝。青椒洗净，去蒂除籽，切丝。水发黑木耳切丝。
2. 锅置火上，倒入适量花生油烧至七成热，加葱末、姜末、蒜末和辣豆瓣酱炒香，放入豆腐干、胡萝卜丝、木耳丝翻炒，加适量清水烧至胡萝卜丝熟透，加青椒丝翻炒2 分钟，用盐调味即可。

难度：★☆☆

# 麻香豆腐

**原料**

卤水豆腐 …………………… 1块
猪肉 ……………………… 50克
香菇 ……………………… 5朵

**调料**

花椒 ……………………… 20粒
姜末 ……………………… 少许
蒜末 ……………………… 少许
葱花 ……………………… 少许
花生油 …………………… 适量
郫县豆瓣酱 ……………… 50克

**制作方法**

1

2

3

4

1. 猪肉切成末。卤水豆腐切成小四方丁。郫县豆瓣酱稍微剁一下。香菇切成比豆腐块小一半的块。花椒小火焙香，碾碎成花椒末。锅内水烧开后加入少许盐，放入豆腐焯水，去豆腥味。
2. 炒锅烧热后放入少量油，加入肉末炒熟，铲出备用。
3. 炒锅重新加热后放入姜末、蒜末，煸香后加入郫县豆瓣酱炒香，再加入肉末。
4. 豆腐放入锅中翻炒，加入香菇，大火烧开。待汤汁浓稠时加入花椒末，出锅后炝入热油，撒葱花装饰即可。

难度：★☆☆

# 宫保鸡丁

## 原料

鸡胸肉 …………………… 250 克
油炸花生米 …………… 20 粒

## 调料

干红辣椒 ………………… 4 个
花椒 ……………………… 20 粒
白糖、淀粉 ………… 各 2 小勺
米醋、湿淀粉 ……… 各 4 小勺
葱白、蒜片、姜片 ……… 各适量
花生油 …………………… 适量
盐、香油 ………………… 各少许

## 制作方法

1

2

3

4

1. 炸好的花生米去皮。葱白切成豆瓣大小的段。鸡胸肉切成长、宽 1 厘米的方丁状，加入盐和湿淀粉将鸡肉抓匀，表面封油后置于冰箱内 20 分钟。炒锅烧热后加入花生油，将鸡肉滑炒至变色后捞出控油。
2. 炒锅重新烧热后加少许油，放花椒、干红辣椒小火炒香后铲出。
3. 白糖、米醋放在盛器内，再加入淀粉调成料汁。
4. 姜片、蒜片炝锅后加入鸡丁及料汁迅速翻炒均匀，使汤汁均匀包裹在鸡肉上。将葱白段、花椒、辣椒、去皮的花生米同时加入锅中翻炒，最后淋入香油出锅即可。

难度：★★★

# 山楂烧排骨

**原料**

猪肋排骨 ………………… 500克

**调料**

花椒 ………………………… 10粒
大葱段 ……………………… 2段
姜 …………………………… 3片
八角 ………………………… 2个
香叶 ………………………… 1片
红曲米 ……………………… 10克
陈醋、料酒、花生油 … 各2大勺
冰糖 ………………………… 50克
老抽 ……………………… 1/2大勺
生抽 ………………………… 1大勺
盐 …………………………… 1小勺
山楂干 ……………………… 15克
香菜 ………………………… 少许

**制作方法**

1. 排骨冲洗一下，沥干，斩成6厘米长的段。将山楂干和红曲米放入香料包中。

❗使用山楂干可以使排骨肉质软嫩，增加果香。

2. 锅内加水，放入花椒、料酒烧开，加入排骨汆烫至水再次沸腾，捞起排骨，沥净水。
3. 炒锅放油烧热，放入葱段、香叶、八角、姜片炒出香味。加入汆烫过的排骨，小火煎至表面微焦黄。
4. 加入冰糖、醋、生抽、老抽，放入香料包。
5. 大火烧开，盖上锅盖，转小火炖40分钟。
6. 用筷子夹出里面的香料包及大葱、八角、姜片，加入盐。打开锅盖，继续用小火炖至汤汁浓稠、微微起泡，加香菜即可。

❗过早放盐易导致肉质变老，在快要收汁的时候再放盐，这样口感更好。最后收汁不宜把汁收得太干，否则只剩下油了，味道不好。

难度：★★★

# 酸菜鱼

**原料**

新鲜草鱼 … 1条(约750克)
酸菜 ……………………… 1把

**调料**

A:
盐……………………… 1/2小勺
料酒……………………… 1大勺
水淀粉（玉米淀粉2小勺+清水3大勺）………………… 适量

B:
花椒 ………………… 1/2小勺
蒜蓉、姜蓉 ………… 各1小勺
白胡椒粉、盐 …… 各1/4小勺
花生油 ………………… 5大勺
泡椒 ……………………… 6个
干红椒 …………………… 5个
香菜叶 ………………… 少许

## 制作方法

1. 草鱼剖肚，去内脏、鳃，刮净鱼鳞，洗净，斩下鱼头。用刀从鱼尾接近主骨处片下鱼肉。将鱼腩（肚）内的黑膜刮干净，再把另一片鱼肉也片下来。
2. 切下鱼腩（肚）。再侧刀将鱼背肉片成约3毫米厚的鱼片。
3. 鱼头治净，用刀从中间剁开，成两半。将鱼分成鱼头、鱼尾、鱼骨、鱼腩(肚)、鱼片5部分。
4. 将鱼头、鱼尾、鱼骨、鱼腩放在一个碗内，鱼片放在另一个碗内，分别用调料A腌制10分钟。
5. 酸菜洗净，切成段。锅内放入2大勺花生油烧热，放入姜蓉、蒜蓉爆香后，下入泡椒、酸菜炒至出香味。
6. 另起一锅，烧热油，放入鱼头、鱼骨略煎。倒入4碗清水，加盖大火煮开。
7. 再放入鱼腩、鱼尾和炒好的酸菜，调入盐、白胡椒粉。煮好后，将鱼头、鱼骨、鱼腩、鱼尾捞出，放入容器内，再放入鱼片煮至变色，倒入容器内。
8. 坐锅点火，将干红椒和花椒放入锅中略爆香，捞出，放在鱼片上。锅内放入3大勺花生油烧热，趁热浇在容器内，撒上香菜叶装饰即可。

难度：★☆☆

# 鲇鱼烧茄子

1

2

**原料** 鲇鱼 400 克，茄子 300 克

**调料** 盐 1/2 小勺，花生油、胡椒粉、白糖、料酒、醋、酱油、葱片、姜片、高汤、香葱碎各适量

**制作方法**

1. 鲇鱼切块。氽水，捞出沥干。再放入八成热油锅内炸至呈微黄色，捞出控油。茄子切块。
2. 锅内加熟猪油烧热，下入葱、姜、蒜爆香，加高汤烧沸。下入鱼块、茄块，烹料酒、酱油、醋炖 25 分钟。锅中加入白糖、盐、胡椒粉，再炖 5 分钟，撒香葱碎即可。

难度：★☆☆

# 油焖大虾

**原料** 新鲜大虾 400 克

**调料** 葱末、姜末各 20 克，番茄酱 1 大勺，盐 1/2 小勺，香油、花生油、香菜各适量

**制作方法**

1. 将虾剪去头尖，挑掉虾线，加一半葱末、姜末，腌制10分钟去腥味。
2. 容器内放花生油，加入另一半葱末、姜末，入微波炉中，以高火加热1.5分钟至有香味逸出后取出，放入番茄酱、盐、香油及腌好的虾拌匀，排列整齐，高火再加热5分钟至熟，放香菜装饰即可上桌。

# 虾仁滑蛋

**原料**

鲜基围虾 ………………… 100 克
鸡蛋 ………………………… 1 个

**调料**

盐 ………………………… 1/4 小勺
花生油 …………………… 适量

**制作方法**

1. 锅中烧水，水开后放入鲜虾汆烫。鸡蛋打成蛋液。
2. 虾变色后捞出，降温后去掉头尾，剥去外壳，挑去虾线，取虾仁备用。
3. 锅烧热，刷一层油，将蛋液倒入，摊成蛋饼。
4. 蛋饼卷起，放在锅的一边，放入虾仁。
5. 将蛋饼铲碎，与虾仁一起翻炒均匀，加入盐，翻炒均匀即可。

2

# 必做人气烤箱菜

烤箱在现代厨房中扮演着越来越重要的角色。小烤箱也有大作用，让美味佳肴做起来更快捷，让我们远离厨房油烟的困扰。一起用烤箱来做菜吧，轻轻松松做出健康美味。



难度：★★★

# 蜜汁叉烧饭

**原料**

猪梅肉 ……………… 1000克
西蓝花 …………………… 半颗
红曲米 ……………………15克
胡萝卜 …………………… 半个

**调料**

砂糖 …………………… 50克
盐 …………………… 1/2小勺
生抽 …………………… 3大勺
料酒、海鲜酱 ……… 各2大勺
老抽 …………………… 1小勺
蜂蜜 ……………………… 适量
香葱 ……………………… 2根
姜 ………………………… 3片
大蒜 …………………… 15瓣
新鲜橙皮 ………………… 1块

**制作方法**

1 2 3 4 5 6

7

8

1. 红曲米加1倍量的水，用搅拌机打成泥。猪梅肉去皮，切成条块状。
2. 取一大盆，放入大蒜、香葱、姜、橙皮及所有调料（除蜂蜜外）。
3. 用手将盆中的调料抓匀，放入梅肉，用手搅拌、按压2分钟。
4. 取两个食用塑料袋，将盆内的肉及腌料倒入袋中，移入冰箱冷藏2天2夜，中途翻2次面。
5. 腌好的梅肉冲洗掉表面的腌料，放于烤网上。烤箱先预热，烤盘垫锡纸。
6. 烤网放于烤箱中层，烤盘放最底层，以上下火230℃烤40分钟，取出翻面再烤20分钟左右。
7. 中途每隔20分钟取出，在表面刷一层蜂蜜，继续放回烤箱烤至熟即可。
8. 西蓝花切小朵，胡萝卜用刻花器刻出花形，在开水中汆烫至熟。将叉烧肉切片，放在米饭上即可。

难度：★★☆

# 吐司面包鲜果

## 原料

吐司面包 …………………… 半个
苹果 ………………………… 1个
梨…………………………… 1个
草莓 ……………………… 250克
百香果 ……………………… 1个
冰激凌球 …………………… 1个

## 调料

白糖 ……………………… 1小勺
淡奶油 …………………… 100克

## 制作方法

1

2

3

4

1. 吐司面包从中间切开，取出面包内心，放入烤箱中，以180℃中火烤10分钟至表皮酥脆即可。
2. 苹果、梨切成滚刀块，草莓对半切开。炒锅烧热，加少许油和白糖，放入苹果、梨不停翻炒至糖全部化开且表面形成焦糖色。

给水果上色时要不停地翻炒，并保持中火，才会使水分迅速挥发，糖色炒匀。

3. 将炒成焦糖色的水果放入淡奶油中，旺火煮至奶油全部将水果包裹住。
4. 将做好的水果放入烤好的吐司盒内，加上草莓、百香果肉和冰激凌球即可。

难度：★★☆

# 意式传统千层面

**原料** 千层面皮6张

**调料** 牛肉酱100克，白汁6大勺，番茄汁4大勺，马苏里拉芝士碎80克，阿里根奴香草1克

**制作方法**

1. 把千层面皮煮10分钟，过凉，备用。
2. 准备一个深底盘子，先铺垫两张千层面皮，在面皮上先抹薄薄一层番茄汁，涂抹均匀后，再涂抹一层白汁，在白汁的上边涂抹一层牛肉酱，涂抹均匀后，再铺垫一层千层面皮。照此顺序和调料，再涂抹一遍，最后将两片面皮铺垫在最上边。
3. 制作完毕，撒上马苏里拉芝士碎和阿里根奴香草，放到220℃的烤箱中，烘烤15分钟至芝士呈金黄色即可。

难度：★☆☆

# 酱汁烤猪排

**原料** 猪排500克

**调料** 葡萄酒100毫升，酱油2大勺，烤肉酱2大勺，白糖1大勺

**制作方法**

1. 猪排洗净，放入用葡萄酒、酱油、烤肉酱、白糖调成的酱汁中腌制30分钟。
2. 烤箱预热至200℃，放入腌好的猪排烤15分钟，取出，均匀刷上剩余的酱汁，继续入烤箱烤5分钟，烤至上色即可。

难度：★★★

# 酿馅烤鸡腿

**原料**

| 原料 |  |
| --- | --- |
| 鸡腿 | 2只 |
| 胡萝卜 | 2/3个 |
| 彩蔬丁 | 50克 |
| 烟熏培根 | 2片 |
| 土豆 | 1个 |
| 洋葱 | 1/4个 |

**调料**

| 调料 |  |
| --- | --- |
| 柠檬 | 1/2个 |
| 盐 | 1/2小勺 |
| 鲜味酱油 | 1小勺 |
| 黑胡椒碎 | 1克 |
| 橄榄油 | 1小勺 |
| 生菜叶 | 1片 |

## 制作方法

1

2

3

4

5

1. 将鸡腿洗净。用剪刀将鸡肉从骨头上剪下来，用刀背在鸡肉上来回轻斩，挤上柠檬汁，加入盐和黑胡椒碎腌渍入味。
2. 洋葱切末，烟熏培根切丁。锅中放油，放入洋葱末煸香，加入烟熏培根丁翻炒出香味。加入彩蔬丁，放入鲜味酱油炒匀，盛出凉凉。
3. 鸡腿肉中放入炒好的培根蔬菜粒，裹紧后用线绳捆扎。土豆、胡萝卜切成块。
4. 锅中放入橄榄油，将扎好的鸡腿放入锅中，煎至两面金黄。同时放入土豆块和胡萝卜块煎制，加入黑胡椒碎和盐。
5. 将食材从锅中盛出，放到烤碗中。烤箱先预热，将烤碗放置在烤架上，置于烤箱中层，以上下火210℃，烤制25～30分钟，直至鸡皮焦香，土豆块和胡萝卜块烤熟，装入垫有生菜的盘中，用黑胡椒碎和生菜叶装饰即可。

烤制的时间可根据实际情况进行调节，鸡肉上色要美观，胡萝卜和土豆要烤透才好吃。

# 蜜汁烤鸭

## 原料

| | |
|---|---|
| 番鸭 | 半只 |
| 蜂蜜 | 适量 |
| 装饰用时蔬 | 适量 |

## 调料

● 腌料

| | |
|---|---|
| 香葱 | 5 棵 |
| 姜 | 5 片 |
| 八角 | 2 个 |
| 香叶 | 2 片 |
| 大蒜 | 10 瓣 |
| 花椒 | 20 粒 |
| 紫洋葱 | 半个 |
| 新鲜橙皮 | 1 个 |

● 其他调料

| | |
|---|---|
| 生抽 | 40 克 |
| 老抽 | 10 克 |
| 蚝油 | 30 克 |
| 白糖 | 35 克 |
| 盐 | 1/2 小勺 |
| 番茄酱 | 30 克 |

1

2

3

4

## 制作方法

1. 洋葱切块，大蒜切碎，香葱切段，橙皮切块。鸭子切去头、颈、翅膀和屁股部分。取一个大盆，放入腌料和其他调料，用手抓匀。
2. 取两个大而结实的食品袋，将盆里的调料倒入袋中。把鸭子放入袋中摇晃几下，让鸭身均匀裹满调料，移入冰箱冷藏 2 天 2 夜，中途翻面 2 次。
3. 腌好的鸭子放入沸水中汆烫 2 分钟，取出沥净水。
4. 将鸭子放在烤网上，用厨房用纸擦干水，烤盘上垫锡纸。烤箱预热 220℃，烤鸭放于中层烤网上，烤盘放于底层接油，开上火烤 30 分钟后翻面，改上下火再烤 30 分钟。取出鸭子，在表面刷上蜂蜜，回烤箱再烤 10 分钟，装盘装饰即可。

难度：★★☆

# 烤箱龙利鱼条

## 原料

龙利鱼 …………………… 500克
蛋黄 ……………………… 2个
面包糠 …………………… 250克

## 调料

白胡椒粉 ………………… 2克
盐 ………………………… 少许
黄油 ……………………… 30克

## 制作方法

1

2

3

1. 龙利鱼切成2厘米宽的条，放入玻璃碗中，加入蛋黄。碗内加入少许盐、白胡椒粉后抓匀，腌渍10分钟。
2. 腌渍好的鱼条上包裹一层面包糠，轻轻压匀，让更多的面包糠粘在鱼条上。
3. 黄油变软后涂抹于烤盘上。将蘸好面包糠的鱼条均匀地摆放在烤盘上。
4. 烤箱先预热，放入鱼条，以200℃烤制15分钟即可。

4

**下厨心语**

1. 烤箱炸烤食物最大的好处就是避免油烟蔓延。
2. 食用鱼条时还可以蘸些番茄沙司或是奶香沙拉酱。

难度：★★☆

# 土豆芝士焗海蟹

## 原料

海蟹 …………………… 2只
土豆 …………………… 2个
芝士块 ………………… 40克

## 调料

黑胡椒碎 ……………… 3克
原味炼乳 ……………… 10克
盐 ……………………… 适量

## 制作方法

1

2

3

4

1. 土豆去皮，切成块。烤箱先预热。蒸锅水开后放入海蟹。切好的土豆可以一起放入锅中蒸制15分钟左右，蒸至土豆绵软即可。
2. 蒸好的土豆碾成土豆泥。打土豆泥的过程中加入黑胡椒碎。在基本碾好的土豆泥里加入原味炼乳。
3. 螃蟹拆开后将壳内所有蟹肉剔出，将蟹壳清洗干净。土豆泥内稍加一点盐进行调味后，拍成豆泥饼，封住蟹肉。
4. 最后将芝士块置于蟹斗最上方，放入烤盘。将蟹斗放入烤箱内，以180℃烤10分钟，待其表面呈焦黄色即可。

# 葱烧大连鲍护山药

### 原料

大连鲍 ………………………… 5只
淮山药 ………………………… 2根

### 调料

蚝油 ………………………… 4小勺
白糖 ………………………… 2小勺
老抽 …………… 1/3小勺
花生油 ………………… 适量
葱白 ………………………… 2根
高汤 ……………… 1000毫升

### 制作方法

1

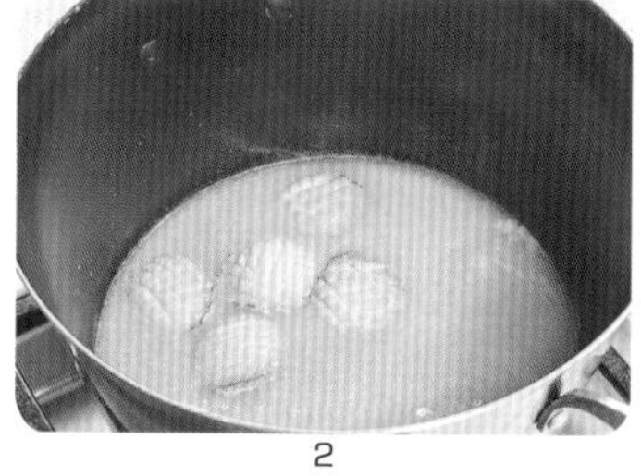
2

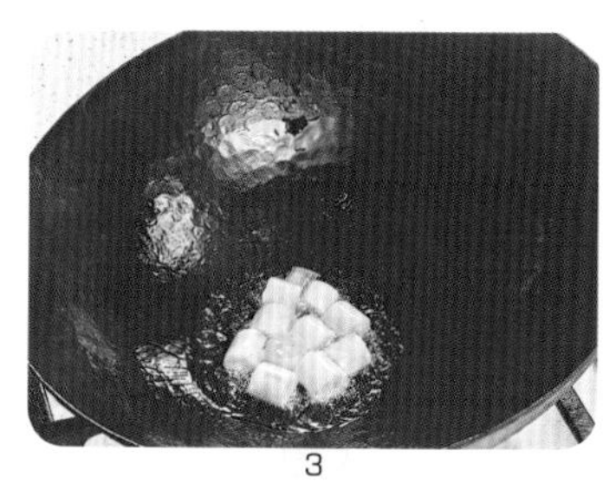
3

4

1. 山药洗净不需要去皮，放入烤箱中层。烤箱温度调至180℃，时间20分钟，上下火烤制。
2. 大连鲍表面切成十字花。高汤烧开后将大连鲍放入，大火煮15分钟后关火，焖制片刻。
3. 葱白切段。炒锅烧热后放入花生油及葱段，煸出香味后铲出，葱油保留在锅中。老抽、蚝油与白糖混合成料汁。
4. 山药烤熟后用手撕斜段，摆盘。锅内葱油烧热，加入鲍鱼、料汁及煮鲍鱼的汤汁，大火将汤汁收浓，放在山药旁一同上桌即可。

# 3 创意空气炸锅料理

空气炸锅是厨房里的新宠，空气炸锅在烹饪食物的时候，尤其是做肉类美食的时候，不但无需抹油，还会把肉本身的油脂逼出来，大大降低人体对油脂的摄入。空气炸锅对于嘴馋又怕胖的人士来说，真是既能吃到美食又能少长脂肪的厨房烹饪利器。

难度：★★☆

# 香辣小土豆

**原料**

小土豆 …………………… 8个

**调料**

葱 ………………………… 少许
蒜 ………………………… 4瓣
盐 ……………………… 1/2小勺
孜然粒 ………………… 1小勺
辣椒碎、花椒粒 …… 各1大勺
植物油 ………………… 30克
薄荷叶 ………………… 少许

**制作方法**

1. 小土豆洗净，上锅大火蒸熟（约20分钟）。
2. 葱切末，蒜切粒。把孜然粒、辣椒碎、花椒粒、盐放在小碗中，上面放上葱末、蒜粒备用。
3. 蒸熟的小土豆立刻过凉水，将外皮剥掉，用刀面按压至裂开。
4. 炒锅中放油烧热，迅速浇到步骤2备好的调料碗中炸香。
5. 待油温不那么烫后拌匀，刷到土豆表面（不要刷完，留部分备用）。将土豆放入炸篮中。
6. 炸篮放入空气炸锅中，200℃烤7分钟后将剩余调料刷到土豆表面，再烤3分钟即可。装盘后放薄荷叶装饰。

# 什锦茄子卷

**原料**

茄子 …… 1根
土豆 …… 半个
胡萝卜 …… 小半根
番茄 …… 1个
玉米粒 …… 1小把

**调料**

盐（炒馅料用） …… 1小勺
黑胡椒粉 …… 1/2小勺
芝士粉 …… 少许
植物油 …… 适量
薄荷叶 …… 少许

## 制作方法

1. 茄子洗净，对半剖开，切成厚约2毫米的长片。

茄子片要尽量切得薄些，才容易卷成卷儿。

2. 把切好的茄子片倒入大碗中，加1/2小勺盐拌匀，腌制20分钟。
3. 土豆切丁，胡萝卜切丁，番茄切丁。
4. 锅中放油烧热，先倒入胡萝卜丁翻炒，再倒入土豆丁、番茄丁翻炒。
5. 炒至番茄出汤汁后加入玉米粒，再放入1/2小勺盐、黑胡椒粉调味，炒匀后关火。
6. 腌好的茄片沥干，卷成卷，插进牙签固定，让它不会散开。
7. 所有的茄片都卷好后竖着摆放在炸篮内，填入炒好的什锦馅。

填在里面的馅料，可以根据自己的喜好选择食材。喜欢油炸口感的，可以烘烤前在茄子卷上刷薄薄的一层油。

8. 空气炸锅设置175℃预热3分钟，放入炸篮烤10分钟即可出锅。装盘后摆上薄荷叶，吃之前在表面撒一些芝士粉，味道更香。

难度：★★☆

# 豆腐渣素丸子

| 原料 | | 调料 | |
| --- | --- | --- | --- |
| 豆腐 | 130克 | 淀粉 | 40克 |
| 胡萝卜 | 60克 | 五香粉 | 1小勺 |
| 蟹味菇 | 45克 | 蚝油 | 1大勺 |
| 香菜 | 16克 | 盐 | 1/2小勺 |
| 鸡蛋 | 1个 | 薄荷叶 | 少许 |

## 制作方法

1. 胡萝卜切成蓉状（若有原汁机可用其榨汁取渣）。
2. 豆腐切碎，蟹味菇和香菜也都切碎。
3. 胡萝卜、蟹味菇、香菜和豆腐渣混合，静置10分钟，滗掉析出的菜汁。
4. 打入鸡蛋，加入淀粉和五香粉拌匀。
5. 加入蚝油、盐充分拌匀，每16克左右团成1个球。
6. 平铺放入炸篮中，彼此间隔开。空气炸锅180℃预热3分钟，放入炸篮烤12分钟，用木铲从炸篮中铲出素丸子，装盘后用薄荷叶装饰即可。

难度：★★☆

# 川味辣子鸡

**原料**

鸡腿 ………………………… 2个

**调料**

姜片 ………………… 6～8片

花椒 ………………………… 15克

葱段 ………………………… 少许

八角 ………………………… 2个

香叶 ………………………… 2片

干辣椒 …………………… 1大把

盐、五香粉 ………… 各1小勺

料酒 ……………………… 3大勺

白糖 ………………… 1/2小勺

## 制作方法

1. 鸡腿洗净后斩成小块，加1大勺料酒、1/2小勺五香粉、1/2小勺盐、少许葱、一半姜拌匀，腌制30分钟。
2. 腌好的鸡肉放入炸篮内平铺。
3. 将空气炸锅设置190℃预热3分钟，放入炸篮烤20～25分钟至鸡肉呈现油炸状，盛出。
4. 锅内放油小火烧热，下入剩余姜片和花椒炒香。
5. 倒入葱段、八角、香叶略炒。
6. 放入干辣椒炒匀，这时候香味就出来了。
7. 加入辣椒后要用小火炒，否则辣椒容易煳。
8. 放入步骤3烤好的鸡肉块翻炒均匀。
9. 加入糖和1/2小勺盐调味，倒入料酒，撒1/2小勺五香粉炒匀就可以出锅了。

难度：★★☆

# 蜜汁鸡排

**原料**

鸡胸肉 …… 1块
鸡蛋 …… 1个
面粉 …… 10克
即食燕麦片 …… 1小碗
生菜叶 …… 1片
圣女果 …… 适量

**调料**

蜂蜜、生抽 …… 各10克
淀粉 …… 5克
清水 …… 25克
黑芝麻、白芝麻 …… 各适量
蒜瓣 …… 2个
葱段 …… 3～4段
生抽、料酒 …… 各1大勺
白砂糖 …… 1/2大勺
黑胡椒粉 …… 1小勺

## 制作方法

1. 用刀背把鸡胸肉敲一敲，放入碗中。
2. 放入葱段、蒜片、料酒、生抽、黑胡椒粉、砂糖。

腌料中的砂糖可以用蜂蜜代替。

3. 用手将材料抓匀，给鸡肉充分按揉，然后腌制2小时至入味。
4. 鸡蛋磕入碗中打散，加入面粉和15克水调成糊。
5. 将腌制好的鸡排两面都裹上蛋液面糊。
6. 再滚上一层即食燕麦片。

如果没有燕麦片，可以用面包糠代替。

7. 平铺放入炸篮内。喜欢酥脆外皮的可以再刷薄薄的一层油。

鸡排的外壳如果不刷油，口感会比较干，介意油量的就不用刷了。

8. 空气炸锅180℃预热3分钟，放入炸篮烤22分钟至鸡排变熟。
9. 烤好的鸡排切上几刀。

鸡排切开是为了最后淋上酱汁时能够更好地入味。

10. 蜂蜜、生抽加20克清水混合。淀粉加入20克清水调成水淀粉。
11. 炒锅中倒入蜂蜜生抽水烧热，倒入水淀粉勾芡成酱汁。
12. 盘中铺好生菜叶，放入鸡排，摆上切半的圣女果。将酱汁淋到鸡排上，再撒上炒熟的黑芝麻、白芝麻就可以吃了。

难度：★★☆

# 奥尔良烤鸡翅

## 原料

鸡翅 ………………………… 8个
生菜叶 …………………… 适量

## 调料

奥尔良烤肉料 ……………35克
蜂蜜 ………………………10克
熟白芝麻 ………………… 少许

## 制作方法

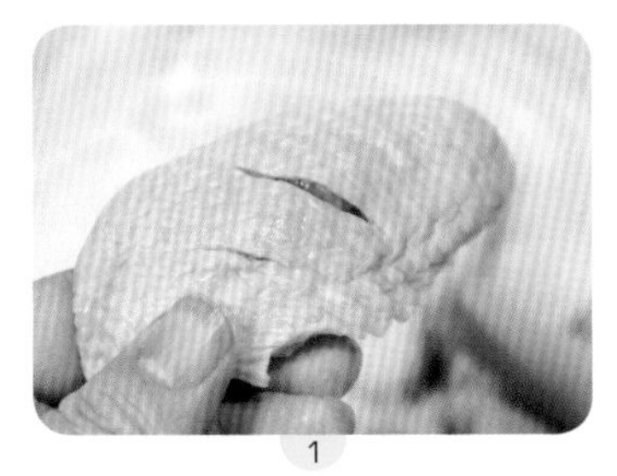
1

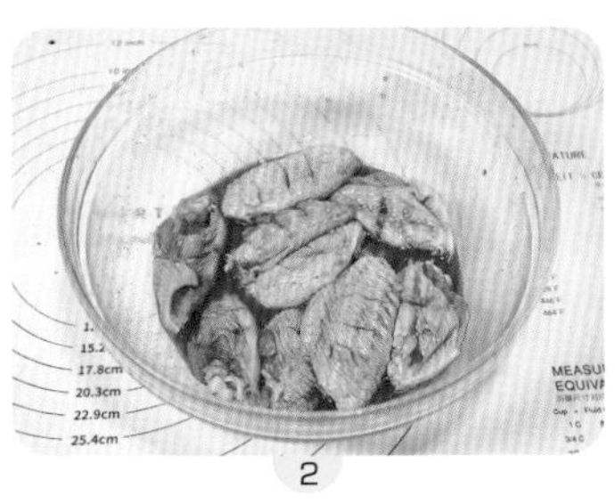
2

3

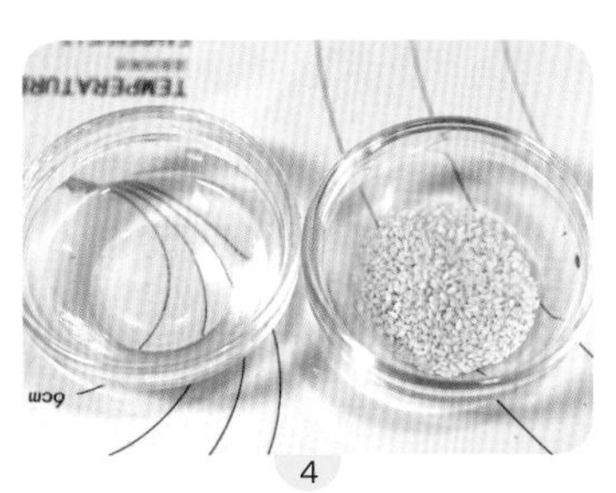
4

5

1. 鸡翅冲洗干净，两面都划上几道刀口，方便腌制入味。
2. 将奥尔良烤肉料和水按照1:1的比例调成酱汁，放入鸡翅混合拌匀。
3. 盖上保鲜膜腌制4小时以上至入味，然后铺入炸篮中。
4. 蜂蜜和水按照1:1的比例调成蜂蜜水。熟白芝麻也准备好。
5. 空气炸锅180℃预热3分钟，放入鸡翅之后烤20分钟，中途刷2次蜂蜜水，出锅前撒点白芝麻装饰。取出放在铺好的生菜叶上即可。

难度：★★☆

# 韩式辣酱烤里脊

### 原料

- 里脊肉 …………………… 300 克

### 调料

- 奥尔良烤肉料 ………… 35 克
- 清水 …………………… 35 克
- 蜂蜜 …………………… 10 克
- 清水 …………………… 10 克
- 熟白芝麻 ………………… 少许

### 制作方法

1

2

3

4

5

1. 将里脊肉清理干净，顺着肉的肌理切成约 0.5 厘米厚的片。
2. 大葱切段，蒜切蒜粒，姜切丝。
3. 里脊肉片放入碗中，倒入料酒、生抽、葱段、姜丝、蒜粒，拌匀。最后放韩式辣椒酱用手抓匀，盖上保鲜膜腌制 1 小时以上。
4. 腌制好的里脊肉已经上色入味了。
5. 将里脊肉平铺放入炸篮内。空气炸锅 190℃预热 3 分钟后放入炸篮烤 10 分钟，出锅前撒点熟芝麻装饰。

难度：★★☆

# 彩椒酿肉

**原料**

猪瘦肉 …………………… 400克
鲜虾 ……………………… 6只
彩椒 ……………………… 3个
番茄 ……………………… 1个
洋葱 …………………… 1/3个

**调料**

番茄酱 …………………… 1大勺
黄油 ……………………… 20克
黑胡椒粉 ……………… 1/2小勺
盐 ……………………… 1/2小勺
卡夫芝士粉 ……………… 1小勺

## 制作方法

1. 鲜虾剥壳，取虾仁。彩椒洗净，对半切开，挖去籽。把猪肉粗略剁成肉糜状，放入虾仁一起剁碎。

猪肉可以换成鸡肉或者牛肉。

2. 放入大碗里，加盐，用手抓匀。
3. 番茄和洋葱洗净，分别切成小丁。黄油切小块。
4. 炒锅烧热，放入黄油加热至液态，加入洋葱丁炒到半透明状。
5. 加入番茄丁炒出汤汁，加入番茄酱翻炒均匀，再加入黑胡椒粉、盐调味。
6. 加入猪肉虾肉碎翻炒均匀，炒到水分渐渐收干时关火。
7. 将炒好的馅料填入彩椒内，放进炸篮中，注意要保持直立状态。

肉馅先用番茄酱汁炒过再烤，要比生肉馅直接烤出来的好吃。如果嫌麻烦，也可以将肉馅腌制后填入彩椒内直接烤，但相应要将烤制时间延长一倍，同时彩椒会烤老，味道欠佳。

8. 空气炸锅180℃预热5分钟，放入炸篮，180℃烤10分钟后取出，在肉馅表面撒卡夫芝士粉即可。

新鲜的彩椒搭配着炒熟的肉馅一起烤，可以最大限度地保存彩椒本身的汁水，吃起来软嫩多汁，并且能够充分缓解肉馅的油腻感。

# 麻辣烤鱼

**原料**

| 原料 |  |
|---|---|
| 新鲜草鱼 | 1 条 |
| 土豆 | 半个 |
| 洋葱 | 1/3 个 |
| 莴苣 | 小半根 |
| 香菜 | 1 小把 |

**调料**

| 调料 |  |
|---|---|
| 葱段、姜丝 | 各少许 |
| 盐 | 1/2 小勺 |
| 红辣椒 | 6 个 |
| 豆瓣酱、花椒 | 各 1 大勺 |
| 蒜 | 6 瓣 |
| 料酒、花生油 | 各 3 大勺 |

## 制作方法

1. 草鱼去鳞、内脏，洗净，切成段，再横剖成两半。
2. 在鱼身上斜切几刀，方便腌制时入味。
3. 将鱼段放进大碗，加入葱段、姜丝、料酒拌匀，在鱼身上抹上少许盐，腌制1小时至入味。

空气炸锅容积不大，所以烤鱼时要把鱼切成段，再剖成两半，既易入味又易熟。

4. 空气炸锅190℃预热。腌好的鱼身上刷一层花生油，放入炸篮中，再放入空气炸锅里，190℃烤30分钟至鱼熟。此时鱼肉应是外脆里软的。
5. 土豆切片，洋葱切丝，莴苣切段，香菜切段。
6. 炒锅加油烧热，放蒜爆香，改小火，放入花椒粒、辣椒炒香。
7. 倒入豆瓣酱快速炒香，倒入1碗清水煮开，放入土豆片、莴苣、洋葱，煮至食材将熟时关火。
8. 空气炸锅抽屉里铺一层锡纸，放入烤好的鱼，倒入上一步煮好的配菜和汤汁，用筷子再略微拌匀一下，让鱼肉能均匀包裹上汤汁。抽屉放入空气炸锅，190℃烤12分钟即可出炉，吃之前撒香菜。

烤制时间可根据鱼的大小和厚度灵活调整。

难度：★★☆

# 糖醋鱼柳

**原料**

龙利鱼肉 ………………… 400克
蛋清 ………………………… 1个

**调料**

盐、白胡椒粉 …… 各1/2小勺
淀粉 ……………………… 20克
泰式甜辣酱、番茄酱 … 各1大勺
白糖、米醋 ………… 各1小勺
熟白芝麻 …………………… 适量

## 制作方法

1. 用厨房纸巾将鱼肉表面的水略吸干。鱼肉切成条状，倒入蛋清、盐、白胡椒粉拌匀。
2. 倒入淀粉，用手抓匀，让鱼肉充分粘满淀粉。

鱼柳切开后用调料腌制一下，不但可以去腥味，还能给鱼柳提味。

3. 将鱼条放入炸篮内，尽量平铺。空气炸锅190℃预热，放入炸篮烤15分钟，让鱼条表面收成硬壳。
4. 将泰式甜辣酱、番茄酱、白糖、米醋混合拌匀成糖醋汁。

泰式甜辣酱在超市里可以买到，若没有也可以不加。如果想让糖醋汁更浓郁，可以先用炒锅将番茄汁加白糖和醋炒一下，之后倒入水淀粉勾芡，再倒在炸好的鱼柳上烘烤。

5. 将炸好的鱼条轻轻取出，放入空气炸锅随带的小锅内。
6. 倒入调好的糖醋汁拌匀，让所有鱼条都均匀包裹上糖醋汁，再撒点熟白芝麻，放入空气炸锅200℃烘烤5～6分钟即可。

难度：★★★

# 熏小黄花鱼

**原料**

小黄花鱼 ………………… 15条
虾皮 ………………………… 90克

**调料**

花生油 …………………… 70克
葱段 ……………………… 4～5小段
小茴香 …………………… 1/2小勺
蒜瓣 ………………………… 2个
姜片 ……………………… 3～4片
香叶 ………………………… 3片
花椒 ……………………… 1大勺
八角 ………………………… 3个
白糖 ……………………… 20克
料酒 ……………………… 15克
生抽 ……………………… 30克

**制作方法**

1 2 3 4 5 6

1. 小黄花鱼清洗干净，去鳞、内脏，剪掉头部。
2. 将小黄花鱼平铺放入炸篮中，表面薄薄地刷一层油。空气炸锅200℃预热3分钟，放入炸篮烤14～15分钟后出锅。

烤好的鱼表面完整、口感酥脆，比油炸的省油且外形完整。

3. 炒锅中倒油，小火烧热，放入虾皮小火慢炸，待虾皮变成金黄色后关火，捞出虾皮取虾油。
4. 将生抽、料酒、30克清水放在碗里混合成调料汁。
5. 锅中倒入步骤3做好的虾油加热，放入八角、花椒、香叶、小茴香爆香，再放葱、姜、蒜炸香。
6. 倒入调料汁，加入白糖，熬煮至沸腾后再煮2～3分钟，待汤汁变得浓稠些时关火。
7. 用滤网将所有的材料滤出，只留汤汁，待汤汁冷却后倒入炸好的黄花鱼中，让汤汁能均匀地包裹每一条鱼，之后盖上保鲜膜，冷藏腌制12小时以上即可。

7

难度：★★★

# 蜜汁鳗鱼饭

**原料**

鳗鱼 ………………………… 4条
现煮白米饭 ………………… 1碗
海苔 ………………………… 1片
鸡蛋 ………………………… 半个

**调料**

白糖、生抽 ………… 各1大勺
老抽、米醋 ……… 各1/2大勺
料酒 …………………… 1大勺
白胡椒粉 …………… 1/2小勺
姜片 ……………………… 2片
蒜 ………………………… 2瓣
洋葱丝、熟白芝麻 …… 各少许
生抽、蜂蜜、清水 …… 各1大勺
黑胡椒粉 …………… 1/3小勺

**制作方法**

1　2　3　4　5　6

1. 将鳗鱼去头、内脏，清理干净，从肚子中间剖开，切成段。蒜切成片。
2. 鳗鱼段放入容器中，加入白糖、料酒、生抽、老抽、姜片、蒜片、米醋、白胡椒粉拌匀，腌制1小时。
3. 腌好的鳗鱼段穿上牙签，放进蒸锅里大火蒸约10分钟至熟。

鳗鱼段穿上牙签，可以避免烤的时候卷起来。

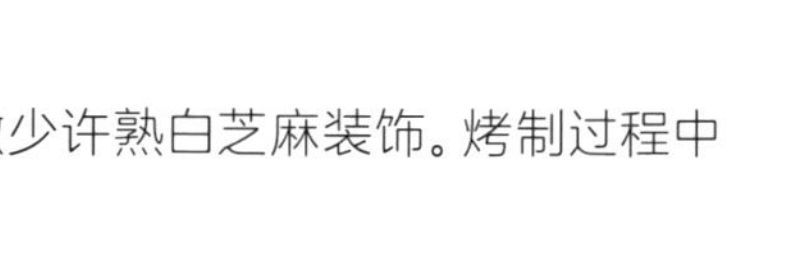

7

4. 将生抽、蜂蜜、清水、黑胡椒粉放入碗中拌匀。炸篮内铺上一层洋葱丝，把鳗鱼段的两面都均匀刷上拌好的酱料汁后铺在洋葱丝上。
5. 炸篮放入空气炸锅中，200℃烤8分钟即可出锅，出锅前撒少许熟白芝麻装饰。烤制过程中可以抽出炸篮，在鳗鱼上再刷一次酱料汁。
6. 海苔剪条状。鸡蛋摊成蛋皮，也切条。
7. 刚煮好的白米饭上放海苔丝和蛋皮丝，再盖上烤好的鳗鱼即可。

难度：★★☆

# 凤尾虾球

**原料**

鲜虾 ………………………… 8只
土豆 ………………………… 2个
鸡蛋 ………………………… 1个

**调料**

盐 ………………………… 1/2小勺
白胡椒粉 ……………… 1/2小勺
玉米淀粉、面包糠 … 各1小碗

## 制作方法

1. 土豆洗净，去皮、切片，放蒸锅中大火蒸熟，趁热压成细腻的土豆泥，加盐拌匀。
2. 鲜虾洗净，去壳、头，挑出虾线，只保留虾尾的壳。

虾不要太大，不然包入土豆泥会有难度。

3. 虾仁放盆中，撒白胡椒粉腌制10分钟。
4. 取一小团土豆泥团成球状，压扁，放入1只虾，然后用土豆泥包成圆球状，把虾尾留在外面。

如果想吃爆浆虾球，可以在虾上包一片芝士。

5. 包好的虾球滚一层淀粉。
6. 再放入鸡蛋液中滚一圈。
7. 最后粘上一层面包糠。
8. 平铺放入空气炸锅的炸篮中，放入空气炸锅，170℃烤20分钟即可。

如果想要油炸的感觉，可以烘烤前在虾球上抹一层植物油。

难度：★☆☆

# 黑椒烤虾

## 原料

新鲜基围虾 ………………… 15只

## 调料

料酒 …………………… 1大勺
姜丝 …………………… 少许
盐 …………………… 1/2小勺
现磨黑胡椒碎 ………… 1小勺

## 制作方法

1

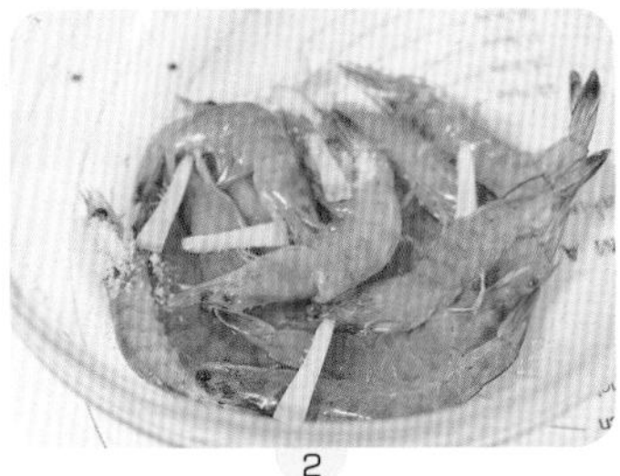
2

3

4

1. 虾清洗干净，去掉背上的虾线，剪掉虾须和虾枪，放入容器中。
2. 加入料酒、盐、姜丝、黑胡椒碎拌匀，腌制30分钟入味。
3. 将腌制好的虾穿到竹签上，平铺进炸篮内。
4. 撒少许现磨黑胡椒碎。空气炸锅180℃预热5分钟，放入炸篮烤10分钟即可。

难度：★☆☆

# 凉拌田七菜

| 原料 | | 调料 | |
|---|---|---|---|
| 田七菜 | 200克 | 盐、白糖 | 各1小勺 |
| | | 醋、香油 | 各1小勺 |
| | | 芝麻 | 50克 |

1

2

3

4

1. 田七菜焯烫后捞出。
2. 芝麻洗净，控干水，放入干锅中炒熟备用。
3. 将田七菜过凉水，捞出沥干装入容器中。
4. 加入盐、白糖、醋、香油拌匀，撒上熟芝麻即可。

## 4 幸福团圆的家宴菜单

为您定制一套家宴菜单，包含6凉8热1汤1煲共16道菜，适合8到10人用餐。您可以根据聚餐人数，选择搭配不同的菜式。不论是节日家宴，还是亲朋聚餐，都能轻松搞定一桌盛宴。亲朋好友围坐在一起，边吃边聊，这段惬意时光，会成为铭刻在心里的温情回忆。

# 开胃炝拌双丝

## 原料

西瓜皮 …………………… 2 大块

胡萝卜 …………………… 1/2 根

## 调料

尖椒 ……………………… 1 个

蒜 ………………………… 3 瓣

花生油 …………………… 1 大勺

盐 ………………………… 1 小勺

白芝麻 …………………… 少许

小红辣椒 ………………… 2 个

花椒 ……………………… 10 粒

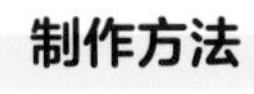

1

2

3

4

1. 瓜皮切丝，胡萝卜切丝，尖椒切碎，蒜切末，小红辣椒切碎。瓜皮丝和胡萝卜丝焯烫片刻后捞出，浸入冷水中。

瓜皮丝和胡萝卜丝焯烫后立即浸入冷水中，可保持爽脆口感。

2. 瓜皮丝、胡萝卜丝降温后捞出沥干水，加入尖椒碎、蒜末、盐。

3. 另起锅，油热后放小红辣椒碎和花椒，炸出香味后捞出，将油趁热倒入菜中，搅拌均匀。

辣椒和花椒炸出香味后捞出，以免影响口感。

4. 加入少许白芝麻，拌匀即可。

难度：★☆☆

# 木耳拌海蜇头

**原料** 海蜇头200克，黑木耳20克

**调料** 老陈醋1小勺，盐、白糖、香油、剁椒、胡椒粉各适量

**制作方法**

1. 黑木耳泡发，撕成小块。海蜇头泡好，片成片。将两者汆烫，迅速过凉，挤去水分，备用。
2. 将海蜇头和黑木耳放入盛器中，调入香油、老陈醋、盐、白糖、剁椒、胡椒粉，拌匀即成。

1

2

难度：★☆☆

# 捞拌北极贝

**原料** 北极贝200克

**调料** 辣椒油1小勺，盐、醋、葱末、姜末、清汤各适量

**制作方法**

1. 北极贝片成片，装入碗内。
2. 清汤内加入盐、辣椒油、醋、葱末、姜末，调匀。浇在北极贝上即成。

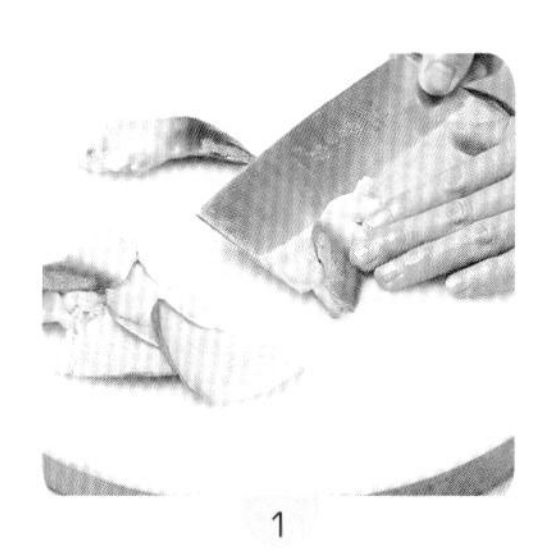
1

2

难度：★☆☆

# 葱丝拌熏干

## 原料

熏干 …… 250克
葱丝 …… 25克

## 调料

醋 …… 1小勺
料酒 …… 1小勺
干辣椒丝 …… 适量
花生油 …… 适量
酱油 …… 适量
盐 …… 适量

## 制作方法

1

2

3

4

1. 熏干切成细条，放入沸水锅中焯烫片刻，捞出过凉水，沥干水。
2. 锅内放油烧至七成热，下入干辣椒丝炒出香味。
3. 烹入料酒，加入酱油、盐、醋调成味汁。
4. 将葱丝放入盘内，熏干条放在葱丝上，浇上调好的味汁即成。

难度：★★☆

# 蒜泥白肉

## 原料

五花肉 ………………… 500克

大蒜 …………………… 50克

## 调料

陈醋 …………………… 4小勺

柠檬 ……………………… 2片

老抽 ………………… 1/3小勺

辣椒红油 ……………… 2小勺

香油 ……………………… 少许

盐 ………………………… 适量

八角 ……………………… 适量

桂皮 ……………………… 适量

## 制作方法

1

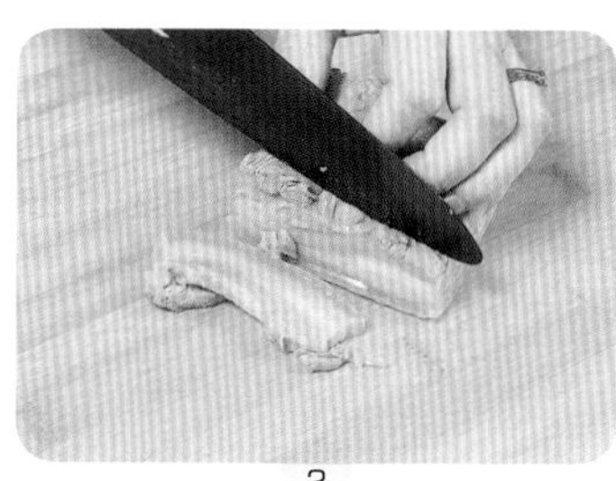
2

3

4

1. 五花肉切整齐，放入冷水锅中，加入八角、桂皮、柠檬煮开，去浮沫后煮至熟。

家里可以常备些柠檬，它是做鱼、肉时的必需食材，是去腥去膻的好武器！

2. 煮熟的五花肉切成薄片。
3. 蒜瓣内加少许盐，放入蒜罐内捣成蒜泥。

蒜罐捣出的蒜泥味道更好，捣蒜时可适量加些清水，出来的蒜泥更加黏稠。

4. 蒜泥内加入陈醋、辣椒红油、香油、老抽调拌均匀，与肉片混合即可。

# 富贵红烧肉

### 原料

五花肉块 ………………… 300克

鹌鹑蛋 …………………… 10个

### 调料

姜 ………………………… 1块

葱 ………………………… 1段

八角 ……………………… 2个

香叶 ……………………… 2片

红烧酱油 ………………… 2大勺

糖 ………………………… 1小勺

花生油 …………………… 适量

香葱碎 …………………… 适量

### 制作方法

1

2

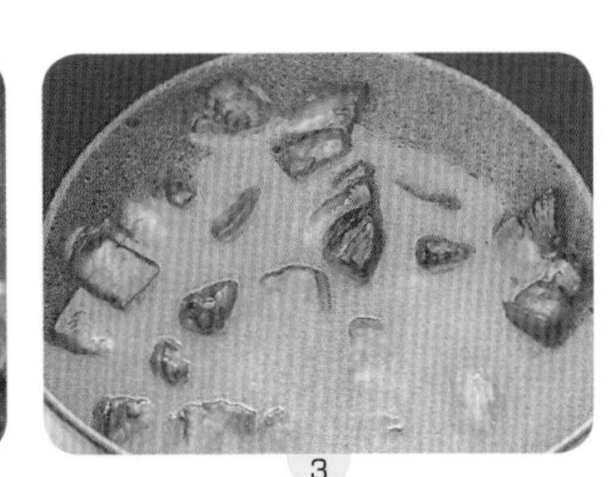
3

1. 油热后放入五花肉块煸炒至变色，加入红烧酱油。
2. 翻炒均匀，加入糖炒至糖化开且均匀包裹住肉块。
3. 将炒好的五花肉块倒入炖锅，加水大火烧开，放入葱、姜、八角和香叶，转小火炖半小时。
4. 放入鹌鹑蛋，继续炖10分钟，大火收汁，撒上香葱碎即可。

4

难度：★★☆

# 椒盐排骨

## 原料

猪肋排骨 ………………… 500克

## 调料

花椒 ……………………… 1大勺
盐 ……………………… 1/2大勺
香葱、香菜 …………… 各1棵
姜 ……………………… 1小块
蒜 ……………………… 2瓣
新鲜红椒 …………………… 1个
料酒、生抽 ………… 各1大勺
细地瓜粉（红薯淀粉） … 80克
花生油 ……………………… 适量

## 制作方法

1

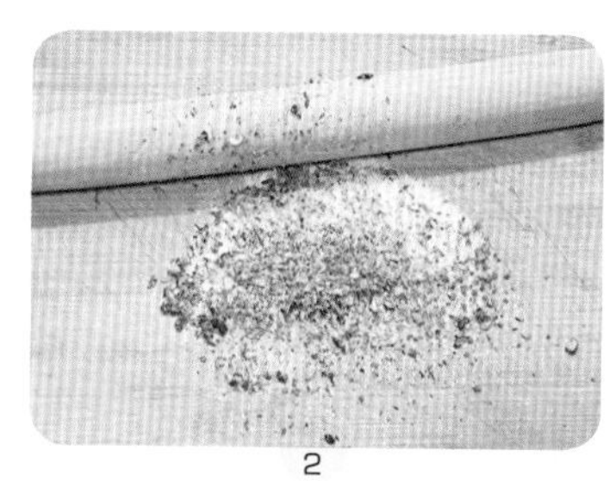
2

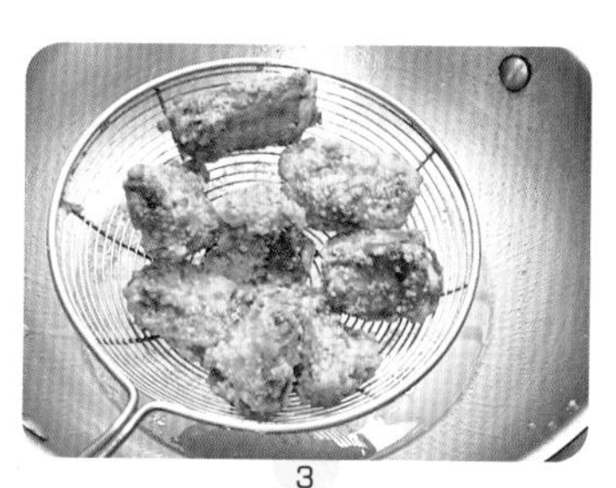
3

4

1. 香葱、蒜、红椒切碎。一半姜切片，剩余的切碎。将排骨加料酒、生抽、姜片，放一半葱碎、蒜碎腌制15分钟，两面均匀拍上地瓜粉，放置3分钟。
2. 炒锅烧热，放入花椒炒出香味，加入盐炒至微黄色取出，用擀面杖碾压，制成椒盐粉备用。
3. 锅内放半锅油，烧热至170℃，放入排骨炸至两面呈金黄色后捞出。大火复炸1分钟后捞出，沥净油备用。
4. 炒锅放入剩余的葱碎、姜碎、蒜碎、红椒碎炒香，加入排骨，临出锅时撒入适量椒盐粉，翻炒均匀，用香菜装饰即可。

# 板栗烧鸡

## 原料

鸡块 …………………… 500克
板栗 …………………… 350克

## 调料

姜 …………………… 10克
白糖 …………………… 3小勺
生抽、料酒 ………… 各1大勺
蚝油 …………………… $1\frac{1}{2}$大勺
蒜 …………………… 5瓣
大葱段 …………………… 20克
香菜 …………………… 1棵
花生油 …………………… 适量

## 制作方法

1

2

1. 锅内油烧至三成热时放入葱段、姜、蒜炒出香味，加入鸡块，用小火煸炒出油。
2. 待鸡块表面微黄时加入板栗，加入料酒、生抽、蚝油、白糖，小火翻炒均匀。加入热开水，水量要没过鸡块。盖上锅盖，大火烧开，转小火焖25分钟至汤汁浓稠，用香菜装饰即可。

### 小贴士

1. 板栗果型玲珑，色泽鲜艳，有“东方珍珠”的美称，被美食家们称为“大自然恩赐的佳果珍馐”。
2. 板栗营养丰富，果仁富含蛋白质、碳水化合物、膳食纤维、胡萝卜素及对人体有益的多种微量元素和维生素等营养物质。

难度：★★☆

# 虾仁烧茄子

## 原料

圆茄子 …………………… 1个
鲜虾仁 …………………… 6个

## 调料

蒜末 ……………………… 5克
冰糖 ……………………… 5个
八角 ……………………… 1个
酱油 …………………… 1小勺
蚝油 …………………… 2小勺
花生油 …………………… 适量
葱、姜、香菜叶 ………… 各少许

## 制作方法

1

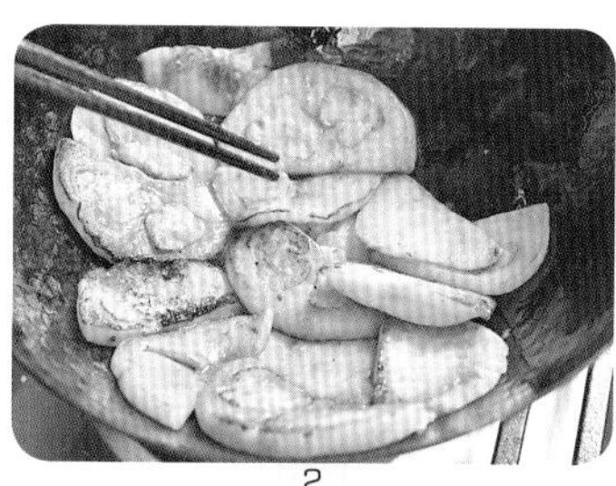
2

3

4

1. 茄子削皮，切厚片。锅内加花生油烧热，煸炒虾仁至其成熟后铲出。虾油留锅中。
2. 放入茄片煎至两面金黄变软。
3. 另起锅，加入花生油及冰糖烧热后放入茄片，翻炒至糖色均匀。加入蚝油、葱、姜、八角继续翻炒。
4. 锅中加入酱油调配颜色后，加入蒜末，放上香菜叶装饰即可。

难度：★☆☆

# 辣炒花蛤

**原料** 花蛤 500 克，香菜段 20 克

**调料** 花生油 1 大勺，酱油、白糖、葱末、姜末、蒜末、干红椒丝、香油各适量

**制作方法**

1. 花蛤吐净泥沙。锅内倒入花生油烧热，下葱末、姜末、蒜末、干红椒丝炒香。
2. 炒锅内烹入酱油，下入花蛤翻炒至张口，下入香菜段，调入白糖，迅速翻炒均匀，淋香油即可。

1

2

难度：★☆☆

# 清蒸梭子蟹

**原料** 梭子蟹 4 只

**调料** 姜末 20 克，香醋 3 小勺，味极鲜 2 小勺，香油 1 小勺

**制作方法**

1. 螃蟹洗净，剪掉皮筋，脐部朝上，冷水上屉，盖上锅盖，开锅后蒸约15分钟。
2. 用调料调成姜醋汁，蒸好的螃蟹配姜醋汁食用即可。

1

2

难度：★☆☆

# 白灼虾虎

**原料**

虾虎 ······················ 700克

**调料**

盐 ······················ 1/2小勺
料酒 ······················ 1小勺
香醋 ······················ 3小勺
味极鲜 ······················ 2小勺
姜末 ······················ 10克
姜片 ······················ 3片
花椒 ······················ 10粒

**制作方法**

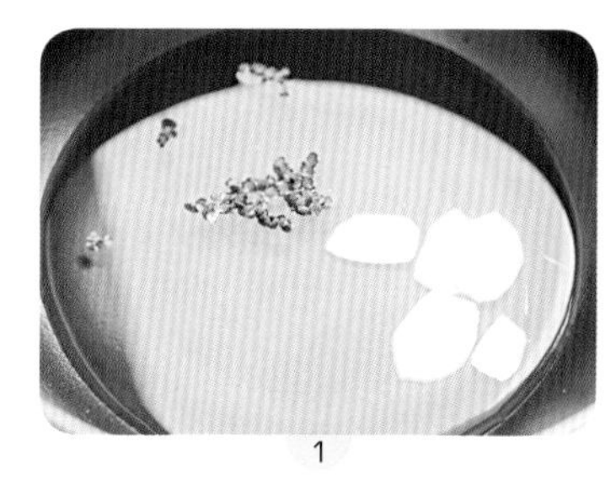
1

2

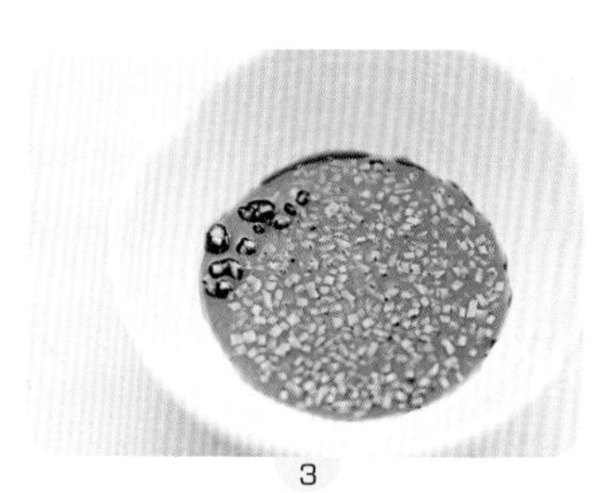
3

1. 锅中倒入水，放入姜片、花椒、料酒和盐，将水烧至滚沸。
2. 放入洗净的虾虎，盖上盖煮，中间用铲子翻2～3次。
3. 将剩余调料制成料汁，备用。
4. 煮约5分钟，待虾虎全部变红即可取出。剥壳，蘸料汁食用。

4

**下厨心语**

白灼为粤菜之烹饪技法，主要突出菜的清淡。以煮滚的水或汤，将生的食物烫熟，称为灼。

# 清蒸鲈鱼

**原料**

鲈鱼 ……… 1条(约400克)

**调料**

A:

花生油 ……………………… 1大勺

姜、葱 …………………… 各10克

红椒圈 ……………………… 少许

B:

生抽、细砂糖 …… 各$1\frac{1}{2}$大勺

白胡椒粉 …………… 1/4小勺

凉开水 …………………… 1大勺

**制作方法**

1

2

3

4

1. 鲈鱼开膛去内脏,刮净鱼鳞,洗净,在鱼背部割一刀,放入盘中。葱一半切段,一半切葱花。姜切丝。在鱼肚及鱼身放上姜丝、葱段。
2. 将调料B在碗内混合均匀,倒入锅内,烧至砂糖全部化开,做成料汁。锅入水烧开,将鱼放在锅内笼箅上大火蒸10~12分钟。
3. 取出蒸好的鱼,拣去姜丝、葱段,倒出盘内蒸出来的水,摆上葱花和红椒圈。
4. 锅入油烧热,趁热将油浇在鱼身上,再将做好的料汁淋在鱼边盘内即可。

难度：★☆☆

# 鱼羊鲜

**原料**

净羊肉 ………………… 200克
净鱼肉 ………………… 350克

**调料**

葱片 ……………………… 5克
姜片 ……………………… 5克
盐 ……………………… 1小勺
胡椒粉 ………………… 1小勺
高汤 ……………… 500毫升
熟猪油 ………………… 2大勺
香葱末 ……………………… 少许

**制作方法**

1

2

3

4

1. 鱼肉、羊肉改刀切片，加少许盐码味。
2. 炒锅上火，加入熟猪油烧热，放入葱片、姜片煸香。
3. 加高汤烧沸，下羊肉片、鱼肉片烧5分钟。
4. 用剩余盐、胡椒粉调味，撒香葱末，出锅即可。

**下厨心语**

鱼肉片、羊肉片煮制时间不可过久，否则口感会发干、发柴。胡椒粉可去腥去膻，不可省略。

# 啫啫滑鸡煲

## 原料

嫩仔鸡块 ……………… 500克
洋葱丝 ……………… 150克
青椒、红椒 ……………… 各1个

## 调料

白糖 ……………… 1/2小勺
花生油 ……………… 1大勺
黑胡椒粉 ……………… 1/4小勺
海天海鲜酱 ……………… $1\frac{1}{2}$大勺
大蒜 ……………… 8瓣
姜 ……………… 8片
豆豉 ……………… 5克
蚝油、料酒 ……………… 各1大勺
蛋清、白酒 ……………… 各少许
盐、玉米淀粉 ……………… 各1/4小勺
香菜 ……………… 1棵

## 制作方法

1

2

3

1. 鸡块加入盐、料酒、玉米淀粉，再加入蛋清拌匀。将海鲜酱、蚝油、白糖、黑胡椒粉加清水调匀成味汁。青椒、红椒切块。
2. 将一半油烧热，放入鸡块滑炒至变色盛出，锅留底油，下豆豉煸香，倒入调好的味汁烧至起泡，加入鸡块翻炒均匀。
3. 砂锅加剩余油烧热，放入姜片、大蒜、青椒块、红椒块、洋葱丝，炒出香味。
4. 倒入鸡块，盖上砂锅盖，沿锅边淋少许白酒，烧2分钟后捞出，摆上香菜即可。

4

5

# 『网红』打卡饮品自己做

汇集了美食博主的私藏配方，奶茶、奶昔、咖啡、苏打水、思慕雪……自己动手制作饮品，随心定制，分分钟完爆网红款，多种高颜值饮品随你打卡。

## 自制糖水

难度：★☆☆

**用料** 香橙3片，细砂糖300克，热水300毫升，柠檬2片

**制作方法**

1. 全部用料倒入奶锅，开火加热，搅拌至细砂糖完全化开。
2. 转中小火煮2分钟，关火过筛，放置室温冷却。

## 蓝莓苏打特饮

难度：★★☆

**用料** 蓝莓酱30克，糖水15毫升，柑橘1个，青柠片2片，黄柠檬片1片，薄荷叶6片，冰块200克，苏打水180毫升，草莓1颗，杧果适量

**制作方法**

1. 蓝莓酱放入杯中。加入糖水，搅拌均匀，柑橘汁挤入杯中。
2. 放入冰块和草莓、杧果、青柠片，倒入苏打水，放上黄柠檬片和薄荷叶装饰。饮用前搅拌均匀。

难度：★☆☆

# 蜂蜜百香果苏打

约 500 毫升

**用料** 金橘 2 颗，百香果 2 颗，蜂蜜 65 毫升，菠萝酱 5 克，冰块220 克，苏打水 200 毫升，柠檬 1 片

**制作方法**

1. 苏打水冷藏备用。金橘放入碗中，捣烂压汁。百香果切开，舀出汁，与金橘汁搅拌均匀，倒入杯里。
2. 加入柠檬片、菠萝酱、蜂蜜，搅拌均匀。加入冰块、苏打水，搅拌均匀。

1

2

难度：★★☆

# 杧果草莓冰茶

约 500 毫升

**用料** 杧果 80 克，草莓 2 颗，蓝莓 3 颗，黄柠檬 1 片，薄荷叶 4 片，青柠檬 1 角，绿茶茶包 1 包，热水 200 毫升，冰块 150 克，糖水 45 毫升

**制作方法**

1. 杧果、草莓、蓝莓切开，放入密封容器里。绿茶茶包倒入热水，搅拌均匀。加入糖水，搅拌10秒左右。
2. 加入冰块，搅拌均匀。捞起茶包，放入加水果的密封容器里。茶液倒入密封瓶里。加黄柠檬片、青柠角、薄荷叶密封冷藏。

1

2

难度：★★☆

# 红丝绒拿铁

**用料** 红丝绒拿铁粉 12 克，热水 20 毫升，牛奶 150 毫升，浓缩咖啡 30 克，冰块 150 克，淡奶油 10 克，糖水 5 毫升

**制作方法**

1. 红丝绒拿铁粉加入淡奶油、糖水、热水，用筅打至没有颗粒。
2. 筅打完成后倒入杯里，加入冰块。加入牛奶。加入浓缩咖啡即成。

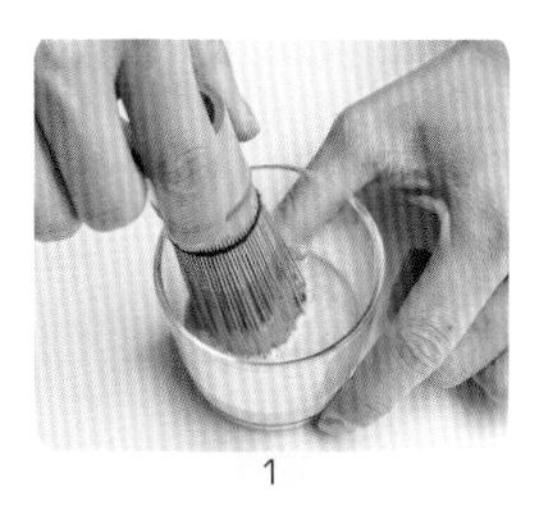
1

2

难度：★☆☆

# 夏日思慕雪

**用料** 菠萝酱 80 克，杧果 150 克，香橙 150 克，即食燕麦 20 克，酸奶 50 克，香橙 2 片

**制作方法**

1. 把菠萝酱、杧果、香橙、酸奶倒入搅拌机里，搅拌均匀。
2. 香橙片贴在杯子壁上作为装饰品。果汁酸奶倒入杯中。最后放上即食燕麦即成。

1

2

难度：★☆☆

# 西柚奶昔

约 450 毫升

**用料** 西柚 1 个，香蕉 1 根，糖水 45 毫升，酸奶 100 克，冰块适量

**制作方法**

1. 所有用料一起放入搅拌机里，搅拌均匀。

西柚要去皮去瓤，带白瓤的部分会让果汁苦涩。酸奶可换成牛奶。

2. 倒入杯里，可放入适量的冰块。

1

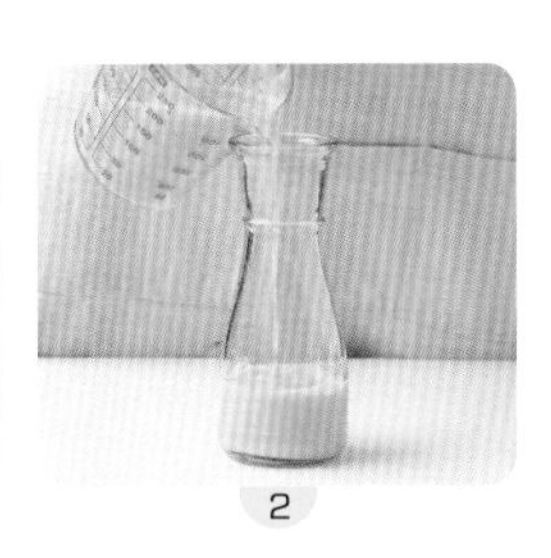
2

难度：★★☆

# 奥利奥星冰乐

约 450 毫升

**用料** 奥利奥饼干碎 65 克，太妃炼乳 35 克，牛奶 120 毫升，三花冰品奶基底粉 10 克，冰块 200 克，淡奶油 100 克，果仁碎少许

**制作方法**

1. 奥利奥饼干碎、25克太妃炼乳、牛奶、基底粉、冰块放进搅拌机，搅拌均匀。倒入杯里，冷冻备用。
2. 打至六分发的淡奶油加10克太妃炼乳继续打发。打发后放入裱花袋。杯口挤一圈太妃奶油装饰，再撒上少许果仁碎，即可享用。

1

2

难度：★★☆

# 珍珠奶茶

**用料** 珍珠粉圆 50 克，细砂糖 15 克，红茶茶包 2 包，热水 150 毫升，炼乳 40 克，黑白淡奶 40 毫升，冰块 230 克

**制作方法**

1. 锅里盛 500 毫升的水，煮沸后放入珍珠粉圆，搅拌至粉圆浮起，盖上锅盖，中小火煮 30 分钟后关火，闷 20 分钟，捞起后沥干，加细砂糖拌匀备用。红茶茶包加入热水，泡 15 分钟后取出茶包。
2. 加入黑白淡奶和炼乳，搅拌均匀，放凉。杯中放入珍珠粉圆，加入冰块，拌匀即可。

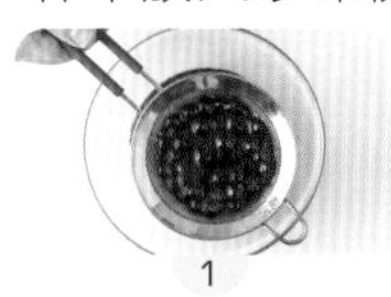
1

2

约 500 毫升

难度：★★☆

# 抹茶奶茶

**用料** 抹茶 3 克，牛奶150 毫升，淡奶油 60 克，细砂糖 50 克，热水 2 大勺

**制作方法**

1. 将抹茶称重过筛。在抹茶中加入 2 大勺热水，搅拌均匀。
2. 将牛奶和淡奶油中加入细砂糖搅拌均匀，用微波炉高火加热至糖完全化开。把牛奶、淡奶油和抹茶混合，倒入果汁瓶中。用两组果汁瓶来回倒数遍即可。

1

2

约 450 毫升

难度：★★☆

# 咖啡奶茶

**用料** 挂耳咖啡粉 11 克，热水100 毫升，红茶粉 5 克，黑白淡奶80 毫升，冰块 250 克，细砂糖适量

**制作方法**

1

2

1. 黑白淡奶倒入杯里，加入细砂糖，搅拌均匀。杯上过滤器中放挂耳咖啡粉，再放入红茶粉。
2. 先倒入30毫升的热水（85～90℃），弄湿咖啡粉和红茶粉，然后倒入剩余的热水，浸泡1～2分钟后拿掉过滤器，放凉后加入冰块即成。

难度：★☆☆

# 海盐咖啡

**用料** 咖啡粉 11 克，热水 120 毫升，牛奶 80 毫升，细砂糖 28 克，淡奶油 80 克，海盐 1 克，冰块 200 克

**制作方法**

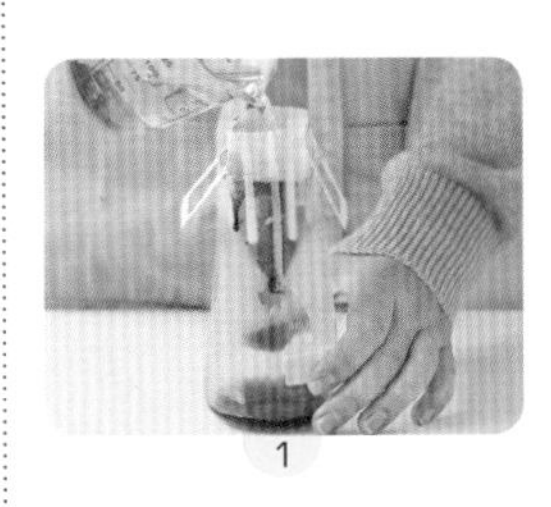
1

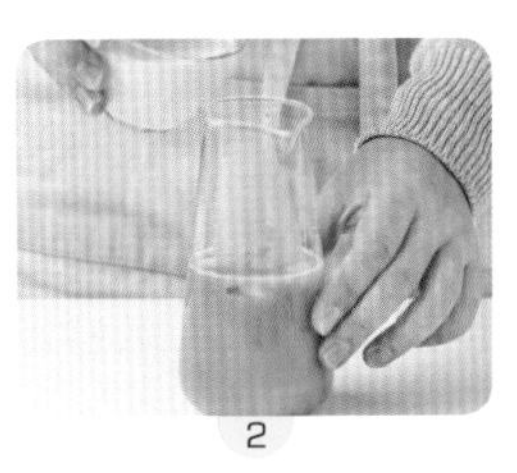
2

1. 把咖啡粉放入挂耳包里。先倒入30毫升的热水（85～90℃），弄湿咖啡粉，然后倒入剩余的热水闷泡1分钟，过滤出来咖啡液体。
2. 加入细砂糖，搅拌均匀，放凉。加入冰块和牛奶。淡奶油、海盐和剩余的细砂糖混合，打至六分发，倒入杯里即成。

难度：★★☆

# 棉花糖巧克力热饮

**用料** 黑巧克力 45 克，牛奶 280 毫升，细砂糖 20 克，棉花糖适量，法芙娜可可粉少许

**制作方法**

1. 将牛奶倒入奶锅。加细砂糖，置火上加热，同时不停搅拌直至糖化开。将黑巧克力处理成小块，待牛奶煮至微微沸后离火，分两次加入巧克力，并不断搅拌。
2. 将牛奶和化开的巧克力搅匀。倒入杯子中，放上棉花糖，撒少许可可粉装饰即可。

1

2

难度：★★☆

# 木瓜杧果思慕雪

**用料** 木瓜 200 克，杧果 150 克，酸奶 50 克，奇异果片 3 片

**制作方法**

1. 木瓜和酸奶倒入搅拌机里，搅拌均匀。杯壁贴奇异果片装饰，倒入木瓜酸奶。
2. 杧果倒入搅拌机，搅拌均匀成杧果蓉。杯口倒入杧果蓉即可。

1

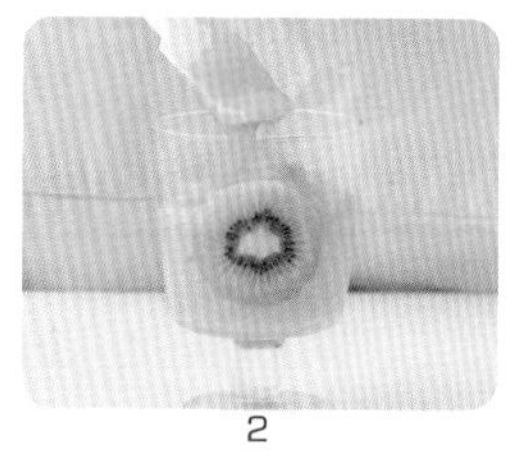
2

难度：★★☆

# 蓝莓香蕉思慕雪

约450毫升

**用料** 蓝莓180克，燕麦30克，香蕉1根，酸奶180克，蜂蜜10毫升，冰块2块

**制作方法**

1. 半根香蕉切片备用。把蓝莓和另外半根香蕉以及蜂蜜、冰块、100克酸奶放入搅拌机里，搅拌均匀。1/3果泥倒入杯里，铺上一层香蕉片，再倒入1/3果泥。
2. 铺一层燕麦，把剩余的果泥倒入。再把剩余的酸奶倒在最上面，铺一层燕麦即可。

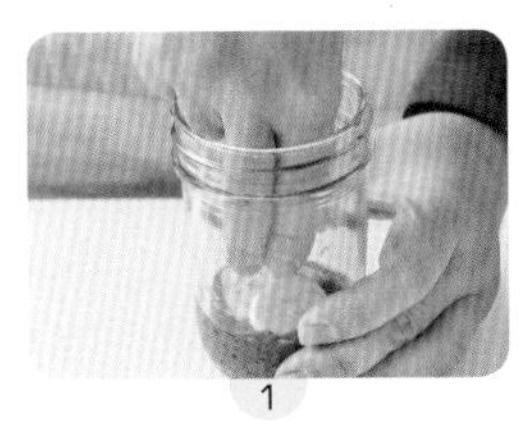
1

2

难度：★★☆

# 草莓酸奶思慕雪

约350毫升

**用料** 草莓180克，覆盆子30克，酸奶100克，糖水20毫升，淡奶油80克，细砂糖8克

**制作方法**

1. 新鲜草莓切开，中间部分切薄片，放入杯中贴壁装饰。剩下的草莓和覆盆子、酸奶、糖水一起倒入搅拌机里，搅拌均匀。
2. 倒入杯中。淡奶油加入细砂糖，用电动打蛋器打发。装入裱花袋，在杯子上挤一圈奶油装饰即成。

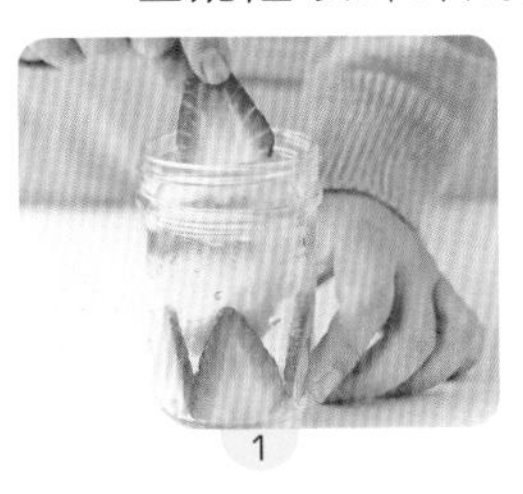
1

2